叶轮机械气动实验技术

刘汉儒　王掩刚　王　昊　编著

国防工业出版社

·北京·

内 容 简 介

本书共分为6章。第1章介绍了叶轮机械测量需要的气动热力学理论基础和基本物理参数(包括压力、速度、温度)的测量技术以及现代测试技术基本理论。第2章介绍了叶轮机械气动实验中的误差分析方法和数据处理方法。第3章主要介绍平面叶栅实验的基本原理、参数计算、表面压力测量、流动损失测量和可视化实验方法。第4章主要介绍轴流压气机性能测试方法,包括单级轴流和对转式,进气畸变性能实验以及最新的跨声速压气机虚拟仿真实验技术。第5章介绍了轴流压气机的非定常流动相关实验,包括失速喘振、流激振动、气动噪声实验。第6章介绍了叶轮机械先进流动测试技术,主要是非侵入式光学测量,如PIV、LDV、压敏涂料、纹影等先进技术原理和应用实例。

本书特别给出了典型实验方案和测试结果,以便于叶轮机械相关专业技术人员设计实验时参考。本书可作为航空动力、能源动力相关专业本科生和研究生的教材和实验指导书。

图书在版编目(CIP)数据

叶轮机械气动实验技术/刘汉儒,王掩刚,王昊编
著 . —北京:国防工业出版社,2025.5
ISBN 978 - 7 - 118 - 13011 - 9

Ⅰ.①叶… Ⅱ.①刘…②王…③王… Ⅲ.①叶轮机
械气动计算 – 实验技术 Ⅳ.①TK123 – 33

中国国家版本馆 CIP 数据核字(2023)第 097297 号

※

国防工业出版社出版发行

(北京市海淀区紫竹院南路23号 邮政编码100048)
北京富博印刷有限公司印刷
新华书店经售

*

开本 787×1092 1/16 印张 13 字数 318 千字
2025 年 5 月第 1 版第 1 次印刷 印数 1—2000 册 定价 98.00 元

(本书如有印装错误,我社负责调换)

国防书店:(010)88540777 书店传真:(010)88540776
发行业务:(010)88540717 发行传真:(010)88540762

前　言

　　叶轮机械气动实验是掌握叶轮机械气动性能的重要手段,是研究先进动力与能源装备叶轮机械的重要技术。目前针对航空、动力、能源领域介绍叶轮机械气动专业领域实验研究和技术的书籍并不多。我们从"重基础,拓应用,开视野"的立意出发,结合叶轮机械实验教学团队的教学和研究基础,整理编写了本书。

　　本书第 1 章、第 2 章介绍了叶轮机械气动实验相关气体动力学和热力学基础知识、气流基本物理参数的测量方法以及误差分析,为进一步应用奠定基础。第 3 章至第 5 章以典型的叶轮机械气动实验涉及的平面叶栅风洞实验、轴流压气机性能实验、轴流压气机内流非定常气动实验为主体,系统地介绍了相关实验原理、系统构成、测量仪器、实验过程、数据处理方法和代表性实验结果或者案例等重要知识,重点突出关键问题思考和问题解决的手段和方法。值得一提的是,本书还介绍了结合最新信息技术的虚拟仿真实验技术和应用案例。第 6 章介绍了叶轮机械流动测量先进技术,以非侵入光学测量为主,突出前沿性研究成果,启发创新思维。

　　本书可为航空动力、能源动力等专业的师生和相关工程技术人员学习叶轮机械气动实验基础技术知识提供参照,让读者从中找到适合自己实验研究的思路和方法。本书内容具有基础性、应用性并兼顾先进性。

　　由于本书作者水平有限,书中难免存在错误和不足之处,恳请广大读者给予批评指正。

编著者

目　录

第 1 章　叶轮机械实验测量基础

1.1　热力学及气体动力学基础

叶轮机械气动实验原理的理论主要建立在气体动力学和热力学基础上,因此有必要对涉及的这两门学科知识进行简单回顾,对于一些测试原理的理解非常重要。本书给出的很多参数和定义属于可压缩气体动力学,需要与不可压流体力学定义有所区别,热力学理论则是理解可压缩气体动力学的重要基础。为了方便计算引入了气动函数的定义,这在叶轮机械实验数据处理中非常实用。

1.1.1　热力学基本方程

1. 热力学第一定律

热力学第一定律实质是能量守恒定律在热现象上的应用。能量守恒定律就是说自然界的一切物质都具有能量,能量有多种不同的表现形式,可以从一种形式转化为另外一种形式,也可以从一个物体传递给另外的物体,在转化和传递过程中,总能量保持不变。热力学第一定律则可以表述为:热可以变为功,功也可以变为热;当一定量的热消失时,必产生等量的功;消耗一定量的功时,必产生与之相应数量的热。表达式为

$$Q = \Delta U + W \tag{1-1}$$

式中:ΔU 为热力学能的增加;W 为对外界做的功。

热力学第一定律否认了能量的无中生有,正因为如此那种不需要任何动力和燃料就能持续做功的第一类永动机只能是幻想。

2. 热力学第二定律

在自然界中,有许多自发的物理过程,这种过程是单向的,绝不会自发地往回走,例如水从高处自发地往低处流,高压气自发地向低压区膨胀,热量自发地从高温物体传向低温物体,这些是人类从实践中得到的经验结论。热力学第二定律就是以热量自发传导方向的经验为依据的,它是一条有关热量转变为功必有所限制的定律。

热力学第二定律最常见的两种表述是克劳修斯表述和开尔文表述。克劳修斯指出:热传导过程是不可逆的。开尔文指出:功变热(确切地说,是机械能转化为内能)的过程是不可逆的。两种表述其实就是分别挑选了一种典型的不可逆过程,指出它所产生的效果不论用什么方法也不可能使系统完全恢复原状而不引起其他变化。

在探索的过程中,人们使用热力学第二定律成功地解决了热机效率的最大限度问题。其中最著名的就是卡诺循环。法国工程师卡诺提出卡诺循环,证明任何理想的热机其效率最多等于卡诺循环效率,而不能更高。卡诺循环效率为

$$\eta = \frac{T_1 - T_2}{T_1} \tag{1-2}$$

式中:T_1 为高温源温度,T_2 为低温源温度。

熵这个热力学参数,就是热能可利用部分的指标。这个指标不是指可用部分的具体百分数,而只是指出总的变化趋势。在一个热力学过程中,如果物系的熵增大了,就说明经过一系列变化后可利用的能量减小了,或者说不可利用的部分增多了。摩擦是导致熵增的常见原因之一。有了摩擦,熵必然增大。摩擦使气体流动的机械能变成热能,尽管这些热能依然保留在气体内,但要让这些热能重新变成机械能的话,却要打一定的折扣,不可能全部变回去,所以摩擦降低了能量的可利用率,熵增正是标志了这一点。这也是在做流动问题的数值模拟和理论分析时,通常用熵参数来讨论损失的原因之一。

1.1.2 气体动力学基本控制方程

1. 状态方程

对于常见的简单可压缩系统,与外界交换的功只有体积变化功(膨胀功或压缩功)的一种形式时,任意压力(p)、体积(v)和温度(T)之间存在某种关系,这种函数关系称为状态方程[1]。

状态方程隐函数形式为

$$f(p,v,T) = 0 \tag{1-3}$$

显函数形式为

$$p = f(v,T), v = f(p,T), T = f(p,v) \tag{1-4}$$

不同工质对应不同的状态方程函数,对于理想气体,其状态方程为

$$pv = R_g T \tag{1-5}$$

式中:R_g 为理想气体常数,为 $8.314\mathrm{J/(mol \cdot K)}$。

2. 连续方程

连续方程即质量守恒方程。对于开口系而言,流入开口系的质量与流出开口系的质量之差等于开口系质量的增加,即

$$m_{\mathrm{in}} - m_{\mathrm{out}} = \Delta m_{\mathrm{cv}} \tag{1-6}$$

式中:m_{in} 为流入开口系的质量;m_{out} 为流出开口系的质量;Δm_{cv} 为开口系质量的增加。

将上式对时间求导,得

$$q_{\mathrm{m,in}} - q_{\mathrm{m,out}} = \frac{\mathrm{d}m_{\mathrm{cv}}}{\mathrm{d}\tau} \tag{1-7}$$

式中:$q_{\mathrm{m,in}}$,$q_{\mathrm{m,out}}$ 为流入与流出开口系的质量流量

$$q_{\mathrm{m,in}} = \frac{\delta m_{\mathrm{in}}}{\mathrm{d}\tau} \tag{1-8}$$

$$q_{\mathrm{m,out}} = \frac{\delta m_{\mathrm{out}}}{\mathrm{d}\tau} \tag{1-9}$$

3. 动量方程

图 1.1 所示的微元 δv 动量变化率等于作用在该微元上的体积力和表面力之和,即[2]

$$\frac{\mathrm{D}}{\mathrm{D}t}\int \rho v \delta v = \int \rho f \delta v + \oint P_{\mathrm{n}} \delta S \tag{1-10}$$

式中: f, P_n 分别为单位质量流体上的体积力和作用在外法向量 $\boldsymbol{n}$ 的单位面积上的表面力。将左边等式展开, 有

$$\frac{\mathrm{D}}{\mathrm{D}t}\int\rho\boldsymbol{v}\delta v = \int\boldsymbol{v}\frac{\mathrm{D}\rho}{\mathrm{D}t}\delta v + \int\rho\frac{\mathrm{D}\boldsymbol{v}}{\mathrm{D}t}\delta v \tag{1-11}$$

将表面张力公式 $P_n = \boldsymbol{n}\cdot\boldsymbol{P}$ 代入等式右边, 得

$$\int\rho f\delta v + \oint P_n\delta S = \int\rho f\delta v + \oint \boldsymbol{n}\cdot\boldsymbol{P}\delta S$$

$$= \int\rho f\delta v + \int\nabla\cdot\boldsymbol{P}\delta v$$

$$= \int(\rho f + \nabla\cdot\boldsymbol{P})\,\delta v \tag{1-12}$$

可得动量方程为

$$\rho\frac{\mathrm{D}v}{\mathrm{D}t} = \rho f + \nabla\boldsymbol{P} \tag{1-13}$$

式中: $\boldsymbol{P}$ 为二阶应力张量, 其散度 $\nabla\cdot\boldsymbol{P}$ 为单位体积流体受到的表面力。

对于牛顿-斯托克斯流体, 应力张量 $\boldsymbol{P}$ 与变形率张量 $\boldsymbol{S}$ 之间满足:

$$\boldsymbol{P} = -p\boldsymbol{I} + \boldsymbol{\tau} = -p\boldsymbol{I} - \frac{2}{3}\mu(\nabla\cdot\boldsymbol{v})\boldsymbol{I} + 2\mu\boldsymbol{S} \tag{1-14}$$

式中: p 为压力; $\boldsymbol{I} = u_i\delta_{ij}u_j$ 为二级单位张量; $\boldsymbol{\tau}$ 为黏性应力张量; μ 为动力黏度; $\boldsymbol{S}$ 为变形率张量, 有

$$\boldsymbol{S} = \frac{1}{2}(\nabla\boldsymbol{v} + \nabla\boldsymbol{v}^{\mathrm{T}}) \tag{1-15}$$

式中: 右端括号内的第一项为速度梯度; 第二项为其转置张量。

4. 能量方程

根据热力学第一定律, 图 1.1 中微元系统的能量守恒关系表述为: 微元系统 δv 包含的总能量的变化率等于作用在微元系统 δv 上体积力的做功率、作用在微元系统表面 δS 上表面力的做功率、通过微元系统表面 δS 上的热导率、微元系统 δv 内的其他内热源的热量生成率之和, 其数学表达式之和为

$$\frac{\mathrm{D}}{\mathrm{D}t}\int\rho\Big(e + \frac{v^2}{2}\Big)\delta v = \int\rho f\cdot v\delta v + \oint P_n\cdot v\delta S - \oint q_n\delta S + \int\rho\,\dot{\boldsymbol{q}}\,\delta v \tag{1-16}$$

式中: e 为比热力学能, $\frac{v^2}{2}$ 为动能, 二者之和为比总能, 即三维质量流体的总能量; q_n 为沿着单位外法向 $\boldsymbol{n}$ 上的热导率; $\dot{\boldsymbol{q}}$ 为单位质量流体其他内热源的热量生成率[3]。

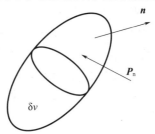

图 1.1　流体微元示意图

1.1.3　滞止参数与气动函数

1. 声速与马赫数

1）声速

当流场的物理参数发生微小变化时,说明流场受到了微弱扰动。由于气体是可压的,在某处受到的扰动会以有限速度向四面八方传播,人们将微弱扰动在介质中的传播速度称为声速。

$$c = \sqrt{\frac{\mathrm{d}p}{\mathrm{d}\rho}} \tag{1-17}$$

式中:p,ρ 分别为压强和密度。

声速取决于压强变化与密度变化之比,表明微弱扰动的传播速度与介质压缩性大小有关。声速是所有微弱扰动波传播速度的统称。

2）马赫数

一般而言,流场各点的流速和声速是不同的,将流场任意一点处的流速与当地声速之比称为马赫数。

$$Ma = \frac{V}{c} \tag{1-18}$$

式中:V 为流体运动速度;c 为当地声速。

马赫数是个无量纲数,反映气体的压缩性的大小,马赫数越小说明压缩性越小。另外,马赫数还可表征单位质量气体动能和内能之比

$$Ma^2 = \frac{V^2}{\gamma RT} \tag{1-19}$$

式中:γ 为气体比热比;R 为气体常数。

当马赫数较高时,动能相对于内能较大,速度的变化将引起温度的显著变化。当 $Ma \leqslant 0.3$ 时,比值 $\dfrac{-\mathrm{d}\rho}{\rho}\Big/\dfrac{\mathrm{d}V}{V}$ 的绝对值在 9% 以下,一般不考虑密度的变化,即认为气流是不可压缩的,从而可以使问题简化。当 $Ma > 0.3$ 时,就必须考虑气流的压缩性。另外,马赫数还可表征单位质量气体动能和内能之比,当马赫数较高时,动能相对于内能较大,速度的变化将引起温度的显著变化。

2. 气流滞止参数

1）滞止状态

在气体流动中,为了描述流场中某点的状态,常给出该点气流的压强 p、温度 T 等参数,这些参数在气体动力学中称为静参数。若将气流从某一状态绝能等熵地滞止到速度为零,此时的状态称为滞止状态,该状态下的参数称为滞止参数或总参数。滞止状态可以是假想的参考状态,也可以是流场中实际存在的状态。在气体动力学研究中,事实上往往是给出一点处气流的滞止参数的数值,例如滞止温度、滞止压强等,再给出气流的速度的数值,例如无量纲速度马赫数。这种方法在工程设计中概念清晰与方便,同时滞止参数也比较容易测量得到。

2）滞止焓

根据一维定常绝能流动的能量方程

$$h + \frac{V^2}{2} = h_1 + \frac{V_1^2}{2} \tag{1-20}$$

可知在绝能流动中,速度减小时,气流的静焓 h 将会增加,如果把气流速度绝能(不要求等熵)地滞止到零,此时对应的焓值 h_1 称为滞止焓,也称气流的总焓 h^*。总焓等于静焓与气流动能之和,代表气流所具有的总能量的大小。

$$h^* = h + \frac{V^2}{2} \tag{1-21}$$

3)滞止温度

气流速度绝能滞止到零时对应的温度称为滞止温度,也称总温,

$$T^* = T + \frac{V^2}{2c_p} \tag{1-22}$$

式中:T 为静温;V 为流速;c_p 为等压比热容。

总温也反映了气流总能量的大小。从上式可以看出,要想测出以速度 V 运动的气体静温 T,必须使温度计与气流没有相对速度,此时温度计所指示的温度即为气流的静温。显然,这是不容易办到的。实际中所测得的温度都接近于气流的总温。例如在实验室中,测温计是固定在气流通道壳体上的,所以这时测温计所显示的温度是气流的总温(不计测温探头的热传导及黏性的影响)。

总温和静温之比取决于气流的马赫数

$$\frac{T^*}{T} = 1 + \frac{k-1}{2}Ma^2 \tag{1-23}$$

式中:k 为气体绝热指数;T 为静温。

气流马赫数越大,则总温与静温的差别就越大。

4)滞止压强和滞止密度

将气流速度绝能等熵地滞止到零时的压强,也称总压

$$p^* = p\left(1 + \frac{k-1}{2}Ma^2\right)^{\frac{k}{k-1}} \tag{1-24}$$

式中:k 为气体绝热指数;p 为静压。

滞止压强表征了动能向焓值转化时的"损失程度",也代表气流做功能力的大小。

将气流速度绝能等熵地滞止到零时的密度为

$$\rho^* = \frac{p^*}{RT^*} \tag{1-25}$$

式中:R 为气体常数;p^* 为总压;T^* 为总温。

滞止参数与静参数之间的关系为

$$\frac{\rho^*}{\rho} = \frac{p^*}{p}\frac{T}{T^*} = \left(1 + \frac{k-1}{2}Ma^2\right)^{\frac{1}{k-1}} \tag{1-26}$$

3. 临界参数与速度因数

1)临界参数

绝能流随着气体的膨胀、加速、分子无规则运动的动能全部转换为宏观运动的动能,气体流速达到极限速度 V_{max},在绝能流动中,流体速度与声速的关系是

$$\frac{c^2}{k-1} + \frac{V^2}{2} = \frac{c^{*2}}{k-1} = \frac{V_{max}^2}{2} \tag{1-27}$$

式中:k 为气体绝热指数;V 为流速;c 为声速;c^* 为极限声速。

气流速度由零绝能等熵地增加到 V_{max} 的过程中,必然会有气流速度恰好等于当地声速的状态,即 $Ma = 1$ 的状态,该状态称为临界状态,该状态下的气流参数称为临界参数,临界状态用下标"cr"表示。临界状态的压强、密度和温度称为临界压强、临界密度和临界温度。

临界参数与滞止参数之间的关系为

$$\frac{T_{cr}}{T^*} = \frac{2}{k+1} \tag{1-28a}$$

$$\frac{p_{cr}}{p^*} = \left(\frac{2}{k+1}\right)^{\frac{k}{k-1}} \tag{1-28b}$$

$$\frac{\rho_{cr}}{\rho^*} = \left(\frac{2}{k+1}\right)^{\frac{1}{k-1}} \tag{1-28c}$$

显然,气体的临界参数与其滞止参数之比,仅是气体比热容比 k 的函数,在定常绝能等熵气流中,沿同一流线上,临界参数均是常数。

对于空气,$k = 1.4$,有

$$\frac{T_{cr}}{T^*} = 0.8333, \frac{p_{cr}}{p^*} = 0.5283, \frac{\rho_{cr}}{\rho} = 0.6339$$

应该指出,在一维流动的每一个截面上,都有相应于该截面的临界参数,就好像在气流中每个截面上都有相应的滞止参数一样。若气流在某一个截面上 $Ma = 1$,则该截面上气流的状态就是临界状态,该截面上的气流参数就是临界参数,该截面称为临界截面。气流 $Ma \neq 1$ 的截面仍有临界参数,只是该截面气流的静参数不等于临界参数;但如果假想把该截面的气流绝能等熵地转变到 $Ma = 1$,则可得到该截面的临界参数。

2) 速度因数

速度因数是与马赫数相类似的另一无量纲量,它表示气流速度与临界声速之比,即

$$\lambda = \frac{V}{c_{cr}} \tag{1-29}$$

式中:c_{cr} 为临界声速;V 为气流速度。

在气体动力学计算时,用速度因数 λ 有时比 Ma 更加方便。因为在用 Ma 求速度 V 时,当地声速并不固定,而绝能流中 c_{cr} 是个常数,通过 λ 求得速度 V 更加方便。

4. 气动函数与流量函数

1) 气动函数

引入无量纲速度 Ma 和 λ 之后,不仅气流的总参数与静参数之比可以用 Ma 和 λ 的函数表示,连续方程和动量方程也可用 Ma 和 λ 的函数表示,这些以无量纲速度 Ma 或 λ 为自变量的函数称为气体动力学函数,简称气动函数。气动函数在气动计算中有广泛的应用,为方便计算,往往列出 Ma 或 λ 为自变量的气动函数表,以便查用。用 λ 表示气流静参数和滞止参数的关系式为

$$\tau(\lambda) = \frac{T}{T^*} = 1 - \frac{k-1}{k+1}\lambda^2 \tag{1-30a}$$

$$\pi(\lambda) = \frac{p}{p^*} = \left(1 - \frac{k-1}{k+1}\lambda^2\right)^{\frac{k}{k-1}} \tag{1-30b}$$

$$\varepsilon(\lambda) = \frac{\rho}{\rho^*} = \left(1 - \frac{k-1}{k+1}\lambda^2\right)^{\frac{1}{k-1}} \tag{1-30c}$$

式中:T,p,ρ 为静温、静压及静密度;T^*,p^*,ρ^* 为滞止温度、滞止压强及滞止密度;k 为气体绝热指数;λ 为速度因数。

在发动机和各种气动计算中它们是用得最多的。以上 3 式对于一定的气体,只有 3 个未知数,即静参数、总参数和 λ,如果已知其中两个,则第三个就可用相应公式求出。如果用 Ma 表示以上 3 个函数式,则为

$$\tau(Ma) = \frac{T}{T^*} = \left(1 + \frac{k-1}{2}Ma^2\right)^{-1} \tag{1-31a}$$

$$\pi(Ma) = \frac{p}{p^*} = \left(1 + \frac{k-1}{2}Ma^2\right)^{-\frac{k}{k-1}} \tag{1-31b}$$

$$\varepsilon(Ma) = \frac{\rho}{\rho^*} = \left(1 + \frac{k-1}{2}Ma^2\right)^{-\frac{1}{k-1}} \tag{1-31c}$$

式中:T,p,ρ 为静温、静压及静密度;T^*,p^*,ρ^* 为滞止温度、滞止压强及滞止密度;k 为气体比热容比;λ 为速度因数。

$\tau(\lambda)$、$\pi(\lambda)$ 及 $\varepsilon(\lambda)$ 随 λ 的变化关系如图 1.2 所示

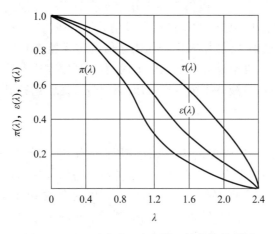

图 1.2　$\tau(\lambda)$、$\pi(\lambda)$、$\varepsilon(\lambda)$ 随 λ 的变化关系图

2) 流量函数

在一般的气动计算中,往往先给出气流的总参数(如用仪器测量出的总参数等)和某截面的速度因数 λ,因此为简化计算,把流量表示成气流总参数和 λ 的关系式,即为流量函数 $q(\lambda)$,有

$$q(\lambda) = \frac{\rho V}{\rho_{\mathrm{cr}} V_{\mathrm{cr}}} = \left(\frac{k+1}{2}\right)^{\frac{1}{k-1}} \lambda \left(1 - \frac{k-1}{k+1}\lambda^2\right)^{\frac{1}{k-1}} \tag{1-32}$$

式中:ρ 为密度;V 为速度;ρ_{cr} 为临界密度;V_{cr} 为临界速度;k 为气体绝热指数;λ 为速度因数。$q(\lambda)$ 的数值同样可在气动函数表查得。

1.2　压力、速度、温度测量技术基础

1.2.1　压力测量

1. 压力计的分类

1) 液体式压力计

液体式压力计是基于流体静力学原理而制作的。被测压力被液柱高度产生的压力所平衡,液柱的高度可以直接测量或通过计算等方法获得。常见的液体压力计有汞气压计、U 形管和杯型压力计、倾斜式压力计、环天平式压力计、钟罩式压力计和浮标式压力计等[4]。

2) 弹性式压力表

弹性式压力表是利用弹性敏感元件(如弹簧管)的弹性形变来平衡被测压力,弹性元件之所以发生形变是压力作用的结果。一般弹性敏感元件的弹性形变量很小,都需要经过放大机构和传动机构将变形量加以放大,并转换成被测量值的指针位移。因使用的弹性元件的形状和作用形式有所不同,相应地有 C 形弹簧管、螺旋弹簧管、膜片、膜盒和波纹管等类型的弹性式压力表[4]。

3) 活塞式压力计

在活塞式压力计中,压力是由作用在已知活塞有效面积上的砝码质量通过计算来求得的[4]。因为活塞的面积和砝码的质量都可以精确地测量出来,所以活塞式压力计在制造上可以制得比较精确,常被用来作为压力量值的传递器具和压力计量标准。常用的有活塞式压力计、活塞式真空计等。从结构上说,有单活塞式压力计、双活塞式压力计、可控间隙型活塞式压力计、带液柱平衡活塞式压力计、带滚珠轴承和滑动轴承的活塞式压力计等[4]。

4) 电测式压力计

电测式压力仪器的工作原理是某些物质在压力的作用下,其电气性能发生变化,其变化量与外加的压力大小成正比[4]。例如石英晶体具有各向异性的特性,晶体表面受压后,在表面上有电荷聚积,这个现象称为压电效应。利用这个效应可以制作压电式压力计。又如在压力作用下,金属丝的电阻会发生变化,利用金属的压电效应也可以制作压电式压力计。与叶轮机械气动测量经常配合使用就是电测式压力计。

5) 综合式压力计

综合式压力计表示利用综合工作原理制作而成的,即多种工作设备同步协同,进行动态压力的测量传递。如用弹性式压力仪表中的膜片作为电容的极板,极板在压力作用下发生位移,并改变了电容量。其电容量的变化与压力的大小成正比。这类仪表与电测试压力仪表一样都是二次仪表,主要用于动态压力测量或远传测量。

2. 气流总压测量

气体的总压是指气流在绝能条件下等熵滞止到速度为零时的压力总值,数值上等于静压和动压之和,测量气流总压时[5],在气流中放一支孔口轴线对准气流方向且表面光滑无毛刺的管子,管子末端用另外的管路在密封情况下与压力显示仪表接通,从而测出管口

处的气流总压值。按照常见的总压管头部结构分为圆形头部总压管、直角头部总压管、带倒角总压管、带引导管的总压管,如图1.3所示。

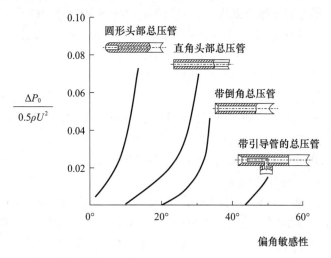

图 1.3　几种常见形式的总压管头部结构及偏角敏感性

在测量气流的总压时,需要注意以下几点:

(1)总压管口气孔轴线与气流方向的夹角问题。理论上只有总压管口的孔口轴线与气流方向一致时,测量的总压值才等于孔口处气流的局部总压真实值[5]。但是由于测量流场气流的运动情况复杂,气流方向往往不能确切知道,而且要保证总压管对准气流方向,对安装的要求很高。在工程测量中,需要总压管对气流的方向有一定的不敏感性,也即要求在测量总压的过程中,总压管孔口轴线与气流方向即使偏离一定角度,依然可以具有较高测量精度。

(2)总压管的形式对总压测量精度影响问题。常见的总压管形式如图1.3所示。设测量误差式

$$\Delta \bar{p} = \frac{(p_{\text{test}} - p_{\text{real}})}{\dfrac{\rho c^2}{2}} \tag{1-33}$$

式中:p_{test}为总压测量值;p_{real}为总压真实值;ρ为密度;c为流速。

以测量精度$\Delta \bar{p} \leqslant 2.25\%$为限,可得这4种常见头部形式的总压管不敏感性。

(1)头部为圆形的总压管对气流的方向的不敏感性最低,约为$\pm 10°$的夹角。头部是直角的总压管不敏感性略有提高,为$\pm 15°$。

(2)孔口加倒角可以进一步提高不敏感角到$\pm 25°$。

(3)在总压管外部加上一个引导管可以较大程度地提高敏感角,可达到$\pm 40°$,但结构复杂。

事实上,总压管不敏感角度的影响因素除了总压管形式外,还有气流速度、加工表面粗糙度等。即使同一形式的总压管因工艺加工不同,也会有不同的不敏感角度[6]。因此,加工出来的总压管需要在校准风洞上进行吹风实验以便标定总压管在不同速度系数λ条件下对气流方向的不敏感角度。常见的总压管整体结构基本形式有 L 形总压管、带套型总压管、球窝型总压管[6]。

（1）L型总压管。L型总压管的基本形式如图1.4(a)所示。孔口端取平头，孔的直径大于或等于0.5mm，特征尺寸$l/d \geqslant 3$，一般取特征尺寸尽可能大以减小支杆部分对孔口的干扰，同时提高对气流的不敏感角度，孔口锥角$\alpha = 60° \sim 90°$，进口锥面应与平头端相切，形成尖边，孔口不允许有毛刺或凹凸不平等缺陷，以减小气流的摩擦损失和对气流的干扰，孔口轴线$A—A$应与支杆轴$B—B$垂直，以保证总压管安装时尽可能对准气流方向，以减小误差。这种总压管的不敏感角度一般为$\pm 10° \sim \pm 15°$[6]。

（2）带套型总压管。为了进一步扩大L形总压管的不敏感角度，发展出带套型总压管。如图1.4(b)所示，即在L形总压管外增加了一个整流套筒，利用套筒进口处的锥面收敛段，将偏离的气流收拢过来，在内通道进行整流，从而使L形总压管的不敏感角度大大提高，一般为$\pm 30° \sim \pm 45°$，比无整流罩L形总压管的不敏感角度大得多，但其不敏感角度随马赫数Ma的变化比较明显。

（3）球窝型总压管。如图1.4(c)所示，球窝型总压管感压孔开在支杆上，没有伸出部分，安装尺寸比较小，同时也改善了机械强度。取$R/D = 0.4 \sim 0.6$，球窝表面要光滑，测量管与球窝焊接处不允许有缺陷[6]。球窝型总压管的不敏感角度一般为$\pm 15° \sim \pm 25°$。

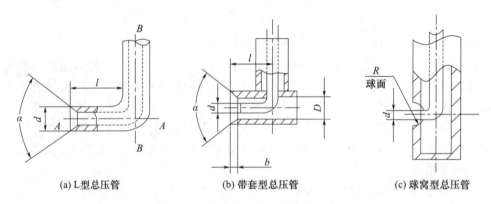

(a) L型总压管　　　　(b) 带套型总压管　　　　(c) 球窝型总压管

图1.4　3种常见的总压管结构形式

3. 气流静压测量

1）壁面静压孔

在测量管道静压时，需要在管道壁面开静压孔，这种开孔测量静压的方式在设计合理的前提下具有较高的精度。

在测量静压时，可认为管道横断面上各点静压大致相等，开孔如图1.5所示。图中D为开孔直径，h为孔深，c为气流速度。开孔必然或多或少地干扰气流，造成测量误差。为减小误差，静压孔的设计与加工应注意以下几点：

（1）开孔直径以及气流马赫数Ma的影响。在测量管道静压时，气流经过孔口，流线会向孔内弯曲，并在孔内引起漩涡，从而引起静压测量的误差。孔径越大，流线弯曲越严重，因而误差就越大，而且随马赫数Ma的增大而增大。所以，孔径应尽量小。但孔径太小不但加工困难，使用时容易被灰尘等杂物堵塞，而且会引起测量反应迟缓，延长实验时间。一般取孔径为$0.5 \sim 1.0$mm，在$Ma < 0.8$以下的亚声速范围内，测量误差可能达到动压头的$0.1\% \sim 0.3\%$。

（2）孔轴方向及小孔形状的影响。孔口倒角、圆角及小孔轴线倾斜都会对静压的测量精度产生影响,所以,孔口应光滑无毛刺,保持尖锐,其轴线应与壁面垂直[6]。

（3）开孔深度不能太浅,否则可能增加流线弯曲的影响,一般取 $h/D \geqslant 3$。

（4）开孔的位置应选择在流道内壁局部的直线段的壁面上。

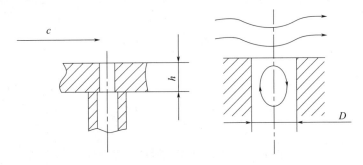

图 1.5　壁面静压孔结构示意图与静压孔流线弯曲示意图

2）静压管

当需要测量气流中某一点的静压或者测量流场中某截面的静压分布时,就需要使用静压管,亚声速流场用的静压管的典型结构如图 1.6 所示。

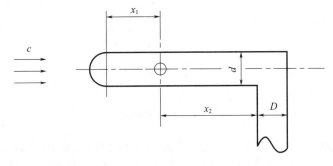

图 1.6　亚声速静压管结构示意图

静压管对气流的干扰是不可避免的。实验证明,在静压孔外的气流静压要受到静压管头部和后面支杆两个方面的干扰影响[6]。气流受到静压管头部的影响使流速加大,所以较正常流动所测量的静压低,造成负误差;而支杆对它前面的气流有减速作用,使得静压增大,造成正误差。

4. 动态压力测量原理

叶轮机械如压气机中的流动具有强烈的非定常特征,为了准确地捕捉流动的精细化结构,通常采用高频响应压力传感器。前面介绍的压阻式压力传感器具有灵敏度高、体积小、固有频率高等特点,适用于压气机中的动态压力测量。

压阻式压力传感器测压原理是基于硅、锗等半导体材料在受到外力拉伸或压缩时,其电阻率会随着应力变化,通过测量半导体的电阻得到压力值。

图 1.7 为压阻式压力传感器工作原理图,在单晶硅膜片上将 4 个压阻元件($R_1 \sim R_4$)采用集成电路工艺制作成扩散电阻,并组成惠斯通电桥(图 1.8)。当硅膜片受到压力时会产生变形,扩散电阻也产生相应的拉伸或压缩,引起压阻值发生变化,从而电桥输出电压发生改变[7],通过测量电桥电压可以获得压力值。

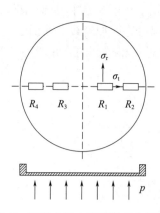

图 1.7 压阻式压力传感器工作原理图

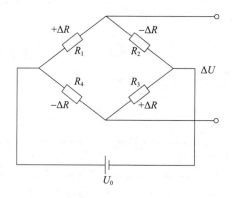

图 1.8 惠斯通电桥

图 1.9 所示为均匀外力 p 作用下的硅膜片应力曲线图,其中 σ_r 和 σ_t 分别为各点径向应力和切向应力,中心和边缘处压力达到最大值,方向相反,膜片中心承受拉力,边缘承受压力。未受压力时 4 个扩散电阻阻值相等,受外力 p 作用时,R_1、R_3 各增大 ΔR,R_2、R_4 各减小 ΔR,电桥输出为

$$\Delta U = \frac{\Delta R}{R} U_0 \qquad (1\text{-}34)$$

式中:U_0 为电桥电源电压。

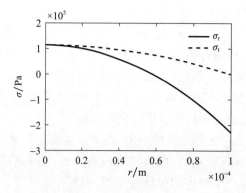

图 1.9 硅膜片应力分布

图 1.10 所示为 WMS-52 型动态压力传感器(压阻型)及信号适调器,该传感器具有结构简单、可微型化、固有频率高、灵敏度高、精度高、工作稳定性好等优点,因此广泛应用于压气机动态压力测量。

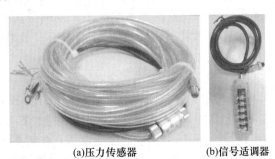

(a)压力传感器　　　　　(b)信号适调器

图 1.10　WMS-52 型动态压力传感器及信号适调器

图 1.11 所示为 DH5923N 动态信号测试分析系统,其输入为信号适调器的输出,共有 16 个信号采集通道,输出直接采用 USB 线接入工控机。该分析系统集成了对信号的采集、放大及滤波,相比于单独使用信号放大器引入的噪声要小得多,进一步提高了信噪比。当需要多台动态采集测试分析系统同步工作时,需接入同步时钟信号发生器,各采集器信号接入同一 USB Hub 传入计算机,如图 1.12 所示。

图 1.11　DH5923N 动态信号测试分析系统

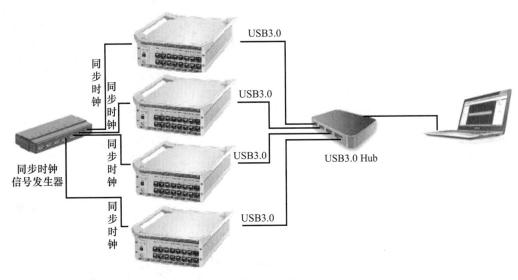

图 1.12　多台仪器同步采集工作原理

1.2.2 速度测量

在叶轮机械内部的流动十分复杂,流速作为表征内部流动特性的重要参数对认识叶轮机械内部流动机理具有重要意义。直接测量流速是十分困难和复杂的,因此往往将流速的测量转化为其他物理参数的测量,如流速与压力的关系。常见的测量方式有皮托管测速、三孔探针测速、热线风速仪。

1. 皮托管测速

皮托管以发明者 H. Pitot 的名字命名,以其结构简单、使用方便、价格低廉、具有较高的精度等特点在一元流动速度测量中得到广泛应用。其结构如图 1.13 所示,在皮托管的顶部,迎着来流,开设一小孔,此小孔用来感受流体的总压。在离头部约 3 倍管径处,环绕管壁开设若干个小孔。这些小孔应与壁面垂直,用来测量流体的静压。头部小孔和侧壁小孔分别与两条互不相通的管路相连,并分别接到压差计的两端,根据压差计读数和利用相关公式计算,即可获得被测点的流速[8]。

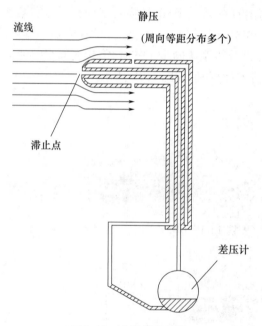

图 1.13　皮托管的结构

根据不可压伯努利方程,在同一条流线上,流体参数有以下关系

$$p_0 = p + \frac{1}{2}\rho v^2 \tag{1-35}$$

从而

$$v = \sqrt{\frac{2(p_0 - p)}{\rho}} \tag{1-36}$$

式中:p_0, p 分别为流体的总压和静压;ρ 为流体的密度;v 为流体的流速。

利用压差计可以直接测出 $p_0 - p$ 之差,流体的密度 ρ 通常为已知或可测。从而利用式(1-36)即可计算出流体的流动速度。皮托管必须在雷诺数 $Re > 200$ 的条件下使用[8]。

在气流速度测量中,当流动的马赫数 $Ma > 0.3$ 时,应考虑压缩性影响,此时可用下式计算流速。

$$v = \alpha \sqrt{\frac{2(p_0 - p)}{\rho(1 + \varepsilon)}} \tag{1-37}$$

式中:ε 为气体的压缩修正系数,可通过表 1.1 查取。

表 1.1　气体的压缩修正系数

Ma	0.1	0.2	0.3	0.4	0.5	0.6	0.7	0.8	0.9	1.0
ε	0.0025	0.0100	0.0225	0.0400	0.0620	0.0900	0.1280	0.1730	0.2190	0.2750

2. 三孔探针测速

三孔探针可以同时测定平面流场中的动压、总压和静压,以及速度大小和平面内速度方向,并且结构简单,安装、使用方便。常用的三孔探针结构如图 1.14(a) 所示,在一个圆柱形的杆子(杆径 $d = 2.5 \sim 5\text{mm}$)离开头部一定距离(一般大于 $2d$),并在垂直于杆子轴线的平面上,钻 3 个小孔(孔径为 $0.3 \sim 1\text{mm}$),这 3 个小孔称为压力传感孔或取压孔。这 3 个孔与探针体内埋设的 3 根无缝针管相连,通过探针另一端的接口可与压力计或压力传感器连接。根据伯努利方程,3 个孔感受的压力分别为

$$p_\text{i} = p_\text{s} + k_\text{i} \frac{\rho v^2}{2} \tag{1-38}$$

式中:p_s 为流体静压;k_i 为速度校正系数,由校正确定;v 为流体流动速度;ρ 为流体密度。

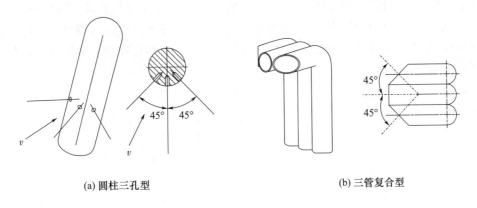

(a) 圆柱三孔型　　　　　　　　　　　　　　　　(b) 三管复合型

图 1.14　压力探针

在测量时,将探头置入流场中,根据 3 个压力感应孔所感受的压力,通过有关计算公式计算便可求出被测点的流动参数。图 1.15 所示为不可压理想流体绕过无限长圆柱表面压力分布曲线,其中:

(1) P_θ 为角度 θ 处圆柱表面静压;

(2) P 为来流静压;

(3) ρ 为来流密度;

(4) v 为来流速度;

(5) C_p 为圆柱表面压力系数。

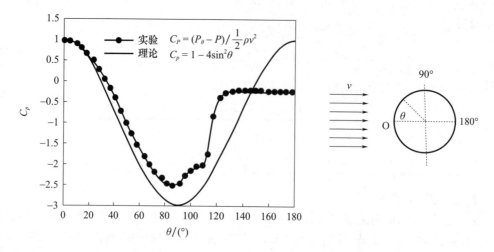

图 1.15 不可压理想流体绕过无线长圆柱表面压力分布曲线

可以发现,中心角度为 45°时,圆柱表面静压随角度变化最敏感,因此实际中三孔探针两边的方向孔与中心线的夹角基本保持在 45°,如图 1.14(b)所示,这种三管复合型压力探针是圆柱三孔型探针的变形体,测压原理与前者类似。相比于前者,三管复合型压力探针头部更小,因此可用于来流速度更高的场合。

使用三管复合型压力探针测量气流参数时存在两种方法,即对向法和不对向法。对向法就是在测量过程中不断转动探针使得左右两侧方向孔的压力相等,此时探针正对气流方向,中间孔的值即为气流总压,这种方法比较耗时。不对向法就是测量时探针不需转动,根据 3 个孔的压力计算得出来流总压,应用该方法需要事先在校准风洞中吹风获得探针的校准曲线。

图 1.16 所示为三孔探针校准曲线。其中方向系数、总压系数及速度系数分别为 K_α,K_o,K_v,由式(1-39)~式(1-41)给出,P_1、P_2 及 P_3 分别为 3 个孔的压力值。

该方法测量气流总压的步骤如下:

(1)根据三孔探针 3 个孔的压力 P_1、P_2 及 P_3 由式(1-39)计算出 K_α,再在图 1.16 中根据方向特性曲线查出相应的气流方向角 α。

(2)由已知的气流方向角 α,根据总压特性曲线查出相应的总压系数 K_o,通过式(1-40)即可由 K_o 和三孔的压力值计算出气流总压 P^*。

由已知的气流方向角 α,根据速度特性曲线查出相应的速度 K_v,通过式(1-41)即可由 K_v 和三孔的压力值计算出气流静压 P。

$$K_\alpha = \frac{P_3 - P_1}{2P_2 - P_3 - P_1} \tag{1-39}$$

$$K_o = \frac{P^* - P_2}{2P_2 - P_3 - P_1} \tag{1-40}$$

$$K_v = \frac{P^* - P}{2P_2 - P_3 - P_1} \tag{1-41}$$

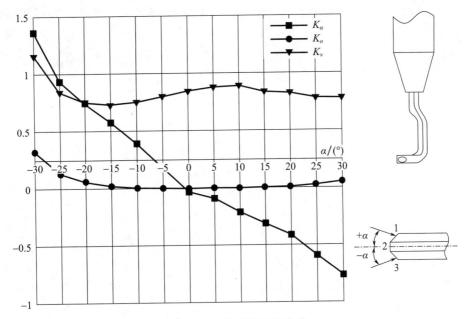

图 1.16　三孔探针校准曲线

3. 五孔探针测速

五孔探针可用于测量三维流场的速度和方向,由于采用接触式测量方式,会对流场产生干扰。为了降低这种影响,通常希望探针尺寸越小越好,但考虑到探针尺寸太小加工制造困难,制造成本增加,太细的测压管会导致小孔极易被灰尘杂质堵塞,使得压力感应孔测不到气流参数或者参数测量不准确,导致实验误差增加。目前国内常用的五孔探针压力感应孔的直径为 $0.3 \sim 1\text{mm}$,侧孔轴线与中心孔轴线之间的夹角为 $30° \sim 50°$,如图 1.17 所示。

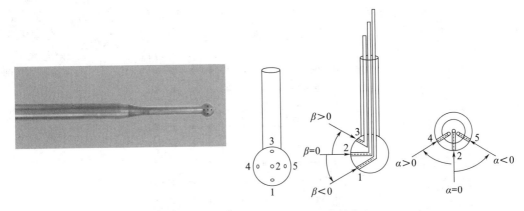

图 1.17　某五孔探针及头部结构参数定义

4. 气动五孔探针的校准

五孔探针一般采用不对向测量速度,在使用前需要做好探针的详细校准工作,用各个孔的压力值来插值计算出气流总压、静压以及三维速度方向。

图 1.18 所示为某五孔气动探针校准系统,通过控制步进电动机可以调节探针的 α、β

17

角度。为了满足实验需求,校准参数空间选取马赫数分别为0.1、0.2、0.3,角度范围为α:
$-21° \sim +21°$、β: $-21° \sim +21°$。

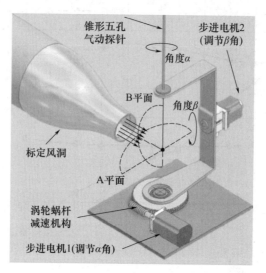

图1.18 五孔气动探针校准系统

校准五孔探针时,将探针安装在校准风洞支架上,校准前首先要保证两个条件:一是根据探针外杆上的标定块来进行定位,即旋转探针,使用水平仪使标定块的一侧保持竖直;二是要保证探针头部位置和校准风洞中心处的位置保持一致。为了使校准网格正交,应该在开机状态下微调五孔探针角度使得孔1和孔3、孔4和孔5的压力值大致相等。调节校准风洞出口射流速度并保持不变,当旋转坐标台按照图1.19所示路径遍历完所有的校准角度节点后,即可获得探针的校准网格。通过皮托管可以获得校准风洞射流总压P_{tj},通过静压管可以获得校准风洞射流静压P_{sj},再结合球头气动五孔探针各孔压力(P_1、P_2、P_3、P_4、P_5),即可计算得到各项校准参数,包括α方向校准系数K_α、β方向校准系数K_β、总压校准系数C_{pt}、静压校准系数C_{ps},具体可参考式(1-39)~式(1-41)。

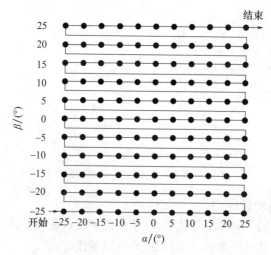

图1.19 球头气动五孔探针校准角度节点遍历路径

五孔探针的 1 号、2 号、3 号孔所构成的平面称为俯仰平面,2 号、4 号、5 号孔构成的平面称为偏斜平面,且俯仰平面和偏斜平面相互垂直。五孔探针的方向特性由俯仰角 α(来流方向和俯仰平面的夹角)和偏斜角 β(来流方向和偏斜平面的夹角)确定。各个孔通过引压管与压力传感器相连,经过卡尔曼滤波算法之后得到各个孔的压力值,分别计为 P_1、P_2、P_3、P_4、P_5,结合通过皮托管可以获得校准风洞射流总压 P_{tj},通过静压管可以获得校准风洞射流静压 P_{sj},即可计算得到各项校准参数,包括 α 方向校准系数 K_α、β 方向校准系数 K_β、总压校准系数 C_{pt}、静压校准系数 C_{ps},具体公式为

$$\overline{P} = \frac{1}{4}(P_1 + P_3 + P_4 + P_5) \tag{1-42}$$

式中:$\overline{P}$ 为除 2 号孔之外各孔压力值的平均值(Pa);P_1 为 1 号孔处的气流压力值(Pa);P_3 为 3 号孔处的气流压力值(Pa);P_4 为 4 号孔处的气流压力值(Pa);P_5 为 5 号孔处的气流压力值(Pa)。

$$K_\alpha = \frac{P_1 - P_3}{P_2 - \overline{P_0}} \tag{1-43}$$

式中:K_α 为俯仰角系数;P_1 为 1 号孔处的气流压力值(Pa);P_3 为 3 号孔处的气流压力值(Pa);P_2 为 2 号孔处的气流压力值(Pa);$\overline{P}$ 为除 2 号孔之外各孔压力值的平均值(Pa)。

$$K_\beta = \frac{P_4 - P_5}{P_2 - \overline{P}} \tag{1-44}$$

式中:K_β 为偏斜角系数;P_4 为 4 号孔处的气流压力值(Pa);P_5 为 5 号孔处的气流压力值(Pa);P_2 为 2 号孔处的气流压力值(Pa);P 为除 2 号孔之外各孔压力值(Pa)。

这样,就将俯仰角、偏斜角和五孔探针各个孔的压力值联系起来。同样,气流总压和气流静压也可以通过总压系数 C_{pt} 和静压系数 C_{ps} 和五孔探针各个孔的压力值联系起来,其计算公式为

$$C_{pt} = \frac{P_2 - P_t}{P_2 - \overline{P}} \tag{1-45}$$

式中:C_{pt} 为总压系数;P_2 为 2 号孔处的压力值(Pa);P_t 为校准风洞上方皮托管所测得的气流总压值(Pa);$\overline{P}$ 为除 2 号孔之外的各孔压力值的平均值 Pa。

$$C_{ps} = \frac{P_2 - P_5}{P_2 - \overline{P}} \tag{1-46}$$

式中:C_{ps} 为静压系数;P_2 为 2 号孔处的压力值(Pa);P_5 为校准风洞出口上方静压孔处的压力值(Pa);P 为除 2 号孔之外的各孔压力值的平均值(Pa)。

为直观反映各个校准参数之间的关系,图 1.20 给出了校准参数三维曲面,即 $\alpha - \beta - K_\alpha$ 曲面、$\alpha - \beta - K_\beta$ 曲面、$\alpha - \beta - C_{pt}$ 曲面、$\alpha - \beta - C_{ps}$ 曲面。

经过卡尔曼滤波算法之后,可以得到五孔探针各个孔相对准确的压力值,根据这些压力值结合式(1-42)~式(1-44)可以算出所测点的方向系数 $K_{\alpha,\text{measure}}$、$K_{\beta,\text{measure}}$,再结合校准数据进行插值计算就可以得到真实的 α,β 角以及总压、静压和速度大小和方向等结果。

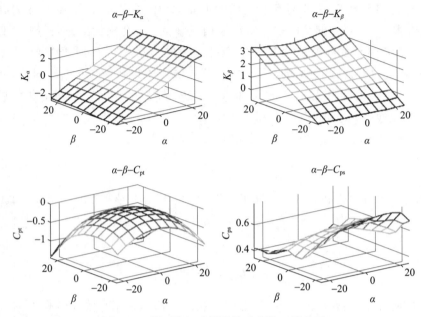

图 1.20　某五孔气动探针校准参数三维曲面

5. 热线/热膜风速仪测速

相比于压力探针,热线风速仪(HWA)探头尺寸小,响应快,因此可以用来测量非稳态气流速度以及高频湍流信息。热线探头的截止频率超过几百千赫,对于特殊应用,可达到超过 1 MHz。热膜探针的截止频率由于其尺寸增加而小于热线探针的截止频率。与第 6 章涉及的非接触激光测量技术(LDA)和粒子图像测速(PIV)相比,LDA 与热线风速计响应接近。然而 LDA 的粒子播种流动会产生足够高的数据速率,意味着该技术通常应用于数据速率高于 $20\sim50\mathrm{kHz}$ 的场合。具体的数据速率要求取决于测量系统的性能和应用需求。常规 PIV 摄像机的成帧速率很少超过 15Hz,这意味它只适合非常低频率的流动测量。高频 PIV 相机可以具有几千赫兹的成帧速率,在这种情况下,激光脉冲的频率成为限制因素,而现有系统难以获得 1kHz 以上满意结果。图 1.21 所示为相同流动通过 HWA、LDA 和 PIV 的采集信号对比。

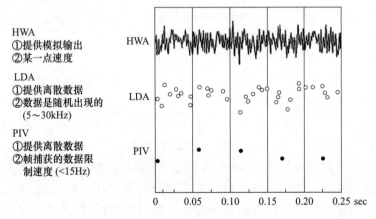

图 1.21　HWA、LDA 和 PIV 的采集信号对比

典型的热线探头结构形式包括热线和热膜。图 1.22(a)所示为一元探头;测量二维平面气流及三维空间气流速度还用到二元探头与三元探头,如图 1-22(b)所示。热线材料为直径很细的钨丝或铂丝,最细的为 $3\mu m$,常用的热线直径为 $3.8 \sim 5\mu m$,长度为 $1 \sim 2mm$。

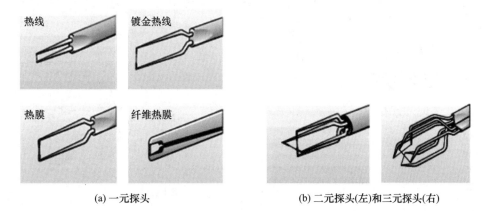

热线 | 镀金热线

热膜 | 纤维热膜

(a) 一元探头　　　　　　　　　(b) 二元探头(左)和三元探头(右)

图 1.22　热线探针

热线风速仪的工作原理是基于热线对气流的对流换热。当通电的热线置于流场中会产生热损失,即流体对热线有冷却作用。热线产生的热量为

$$Q_1 = I^2 R \tag{1-47}$$

式中:I 为通过热线的电流;R 为热线电阻。

假定热线在强迫对流换热状态下工作,由牛顿冷却公式得热线散热量为

$$Q_2 = hA(T_w - T_f) \tag{1-48}$$

式中:h 为热线表面传热系数(对流换热系数);A 为热线换热面积;T_w 为热线表面温度;T_f 为来流温度。

热平衡时 $Q_1 = Q_2$,即

$$hA(T_w - T_f) = I^2 R \tag{1-49}$$

其中,电阻 R 随热线温度变化,换热系数 h 随来流速度变化,来流温度 T_f 保持不变,换热面积 A 不变,从而有

$$U = f(T_w, I) \tag{1-50}$$

即气流速率 U 为热线温度 T_w 与电流 I 的函数。当固定电流 I 为恒值,则气流速率 U 仅仅为热线温度 T_w 的函数,从而可根据热线温度 T_w 测定气流速率,此为恒流工作方式;当固定热线温度 T_w 为恒值,则气流速率 U 仅仅为电流 I 的函数,从而可根据电流 I 测定气流速率,此为恒温工作方式,由于电阻 R 取决于热线温度 T_w,这种方式也称为恒电阻工作方式。当固定温差 $T_w - T_f$ 为恒值,也可根据电流 I 测定气流速率,此为恒加热度工作方式。上述 3 种工作方式都需要采用温度补偿电路实现自动温度修正。图 1.23 所示为恒温热线风速仪工作原理,其采用了恒温工作方式的温度补偿电路。当热线轴线与来流方向垂直,此时热线与气流的强制对流换热达到最大。随着热线轴线与来流方向夹角逐渐减小,热线与气流的强制对流换热降低,依照此原理可以测定气流方向。需要指出的是,常温式热线风速仪(CTA)测量精确度需要气动标定来保证,因为随着环境变化热线电阻和传热特性都会发生变化。

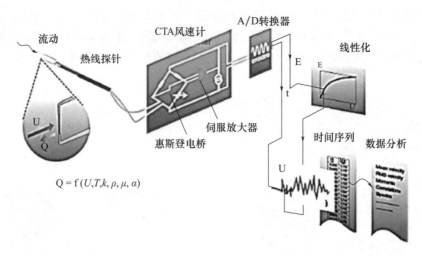

图 1.23　典型恒温热线风速仪工作原理

　　热膜是将铬或铂质金属膜熔焊于圆柱型石英骨架上,相比于热线,热膜的机械强度更高,更不易受到污染,适合测量来流为液体或掺杂固体颗粒的气流速度,并且具有更长期的校准稳定性。但是,热膜探头的更换成本比较大,由于其直径大于前者,因此响应频率较前者低并且校准过程易受到自身涡脱落干扰。热膜传感器可以粘在固体表面上,用于剪切应力测量。图 1.24 所示为某型热膜风速仪测量表面剪切应力。图 1.25 所示为 MEMS 制造热膜传感器在硅片基氧化硅绝缘膜上的安装。图 1.26 所示为某种热膜传感器和在涡轮叶片上的测量应用。

图 1.24　某型热膜风速仪用来测量表面剪切应力[9]

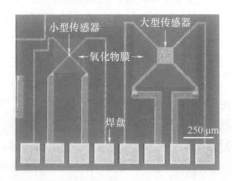

图 1.25　MEMS 制造热膜传感器在硅片基氧化硅绝缘膜上的安装[9]

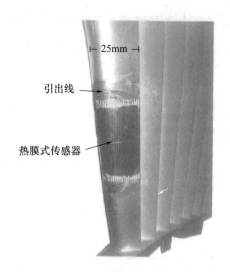

图 1.26　热膜传感器阵列在涡轮叶片上的测量应用[10]

1.2.3　温度测量

温度是表征物体冷热程度的物理量。由热力学可知,处在平衡状态的所有系统都具有一个共同的宏观特性,这一宏观特性的定义就是温度。温度值这一参数是不能直接测量的,一般根据物质的某些特性参数与温度之间的函数关系,通过对这些特性参数的测量而间接获取。根据测温传感器的使用方式,大致分为接触式和非接触式两种。

接触式测温是使被测物与温度计的感温元件直接接触,使其温度相同,便可得到被测物体的温度。接触式测温时,由于温度计的感温元件与被测物体接触,吸收被测物体的热量,往往容易使被测物体的热平衡受到破坏,从而对感温元件的结构要求苛刻,这是接触测温的缺点,因此不适于小物体的温度测量。非接触式测温是温度计的感温元件不直接与被测物体相接触,而是利用物体的热辐射原理或电磁原理得到被测物体的温度。非接触法测温时,温度计的感温元件距被测物体具有一定的距离,靠接收被测物体的辐射能实现测温,所以基本不会破坏物体的热平衡状态,具有较好的动态响应,但非接触测量的精度较低。

温度测量也是叶轮机械实验中的基本测量参数。总温和静温的定义与总压静压的类似,总温测量通过安装在气流中固定不动的感受部来测量,静温需要通过随气流一起移动的绝热探针测量,实际使用时是很难实现的。因此,实际温度测量中获得的都是总温,然后利用速度和总温算出静温。叶轮机械气动实验中,总温测量通常采用热电偶或热电阻,往往设计成总温探针结构。

1. 接触式测温传感器

热电偶(图 1.27)是目前应用极为广泛的一种温度测量系统,其工作原理是基于物体的热电效应。如图 1.28 所示,由 A、B 两种不同的导体两端相互紧密地接在一起,组成一个闭合回路。当 1、2 两接触点的温度不等($T > T_0$)时,回路中就会产生电动势,从而形成电流,串联在回路中的电流表将发生偏转,这一现象称为温差效应,通常称为热电效应。相应的电动势称为温差电动势,或者热电动势。接点 1 称为工作端或热点(T),测量时将其置于温度场中。接点2称为自由端或冷端(T_0),测量时,其温度应保持恒定。

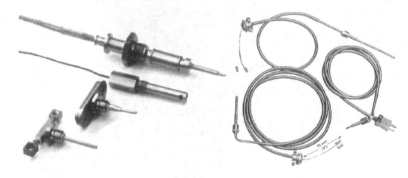

图1.27 典型热电偶实物

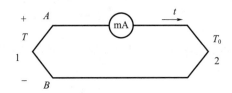

图1.28 热电效应原理

这种由不同导体组合并将温度转换成热电动势的传感器就称为热电偶。热电偶产生的电动势$E_{AB}(T,T_0)$是由两种导体的接触电动势E_{AB}和单一导体温差电动势E_A和E_B所形成的。

不同的导体材料,其电子密度不同。当两种不同材料的导体A、B连接在一起时,在连接点1、2两处,分别会发生电子扩散,电子扩散的速度与自由电子的密度以及导体的温度成正比。

设导体A、B的自由密度分别为n_A和n_B,且$n_A > n_B$,则在单位时间内,导体A扩散到导体B的电子数要大于导体B向导体A扩散的电子数,因此,导体A因失去电子而带正电,导体B因得到电子而带负电,于是在接触点处便形成电位差,即接触电动势(图1.29),在接触处所形成的接触电动势将阻碍电子的进一步扩散。当电子扩散力与电场的阻力达到相对平衡时,接触电动势就达到了一个相对稳定值,其数量级一般为$10^{-3} \sim 10^{-2}$V。

由物理学可知,导体A、B在接触点1、2的接触电动势$e_{AB}(T)$和$e_{AB}(T_0)$分别为

$$e_{AB}(T) = \frac{KT}{e}\ln\frac{n_A}{n_B} \tag{1-51}$$

$$e_{AB}(T_0) = \frac{KT_0}{e}\ln\frac{n_A}{n_B} \tag{1-52}$$

式中:K为玻耳兹曼常数,$K = 1.38 \times 10^{-23}$J·K^{-1};T,T_0为接触1、2的热力学温度;n_A,n_B分别为A、B的自由电子密度;e为电子电荷量,$e = 1.38 \times 10^{-9}$C。

如图1.28所示的回路中总的接触电动势为

$$e_{AB}(T) - e_{AB}(T_0) = \frac{K}{e}(T - T_0)\ln\frac{n_A}{n_B} \tag{1-53}$$

由此不难看出,热电偶回路中的接触电动势只与导体A、B的性质和两接触点的温差

有关。当 $T = T_0$ 时,尽管两接触点处都存在接触电动势,但回路中总接触电动势为零。

单一导体的温差电动势在一个均匀的导体材料中,如果其两端的温度不等,则在导体内会产生电动势,这种电动势称为温差电动势,如图 1.30 所示。由于高温端电子的能量要大于低温端电子的能量,因此,由高温端向低温端扩散的电子数量要大于由低温端向高温端扩散的电子数量,这样,由于高温端失去电子而带正电,低温端由于得到电子而带负电,于是导体两端便形成电位差,称为单一导体温差电动势。该电动势将阻止电子从高温端向低温端扩散,当电子运动达到动平衡时,温差电动势达到一个相对稳定值。同接触的电动势相比,温差电动势要小得多,一般约为 $10^{-5} \mathrm{V}$。

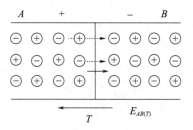

图 1.29　接触电动势产生原理图

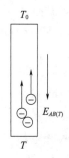

图 1.30　温差电动势产生原理图

当导体 A、B 两端的温度分别为 T 和 T_0,且 $T > T_0$ 时,导体 A、B 各自的温差电动势分别为

$$e_A(T, T_0) = \int_{T_0}^{T} \sigma_A \mathrm{d}T \tag{1-54}$$

$$e_B(T, T_0) = \int_{T_0}^{T} \sigma_B \mathrm{d}T \tag{1-55}$$

式中:σ_A,σ_B 分别为汤姆逊系数,其含义是单一导体两端温度差为 1℃ 时所产生的温差电动势。

由导体 A、B 所形成的回路总的温差电动势为

$$e_A(T, T_0) - e_B(T, T_0) = \int_{T_0}^{T} (\sigma_A - \sigma_B) \mathrm{d}T \tag{1-56}$$

由此可以得出由导体 A、B 组成的热电偶回路的总的热电动势为

$$E_{AB}(T, T_0) = [e_{AB}(T) - e_{AB}(T_0)] - [e_A(T, T_0) - e_B(T, T_0)]$$

$$= \frac{k}{e}(T - T_0) \ln \frac{n_A}{n_B} - \int_{T_0}^{T} (\sigma_A - \sigma_B) \mathrm{d}T \tag{1-57}$$

或

$$E_{AB}(T,T_0) = \left[e_{AB}(T) - \int_{T_0}^{T}(\sigma_A - \sigma_B)\mathrm{d}T\right] - \left[e_{AB}(T_0) - \int_{0}^{T_0}(\sigma_A - \sigma_B)\mathrm{d}T\right]$$

$$= E_{AB}(T) - E_{AB}(T_0) \tag{1-58}$$

式中:$E_{AB}(T)$为热端电动势;$E_{AB}(T_0)$为冷端电动势。

由此可知,只有当热电偶的两个电极材料不同,且两个接点的温度也不同时,才会产生电动势,热电偶才能进行温度测量。当热电偶的两个不同的电极材料确定后,热电动势与两个接点温度 T、T_0 有关,即回路的热电动势是两个接点的温度函数之差。

$$E_{AB}(T,T_0) = f(T) - f(T_0) \tag{1-59}$$

当自由温度 T_0 固定不变时,即 $f(T_0) = C$,则

$$E_{AB}(T,T_0) = f(T) - f(T_0) = \phi(T) \tag{1-60}$$

由此可见,电动势 $E_{AB}(T,T_0)$ 和工作端温度 T 是单值的函数关系,这就是热电偶测温的基本原理。由此制定出标准的热电偶分度表,该表是将自由端温度保持为 $0\,^\circ\mathrm{C}$,通过实验建立起来的热电动势与温度之间的数值关系。热电偶测温就是以此为基础来进行基本的温度测量。

2. 非接触式测温传感器

温度的测量方法很多,对于接触式测温而言,由于接触元件与被测物相互接触对被测物温度场有一定的影响,同时在高温情况下,有些被测物对传感器有一定的损坏作用,因而在高温测量中常采用非接触测温方法。

非接触式测温计种类很多,其基本原理是基于物体的热辐射。当物体受热后将有一部分热能转换成辐射能,辐射能以电磁波的形式向四周辐射,温度越高,辐射的能量越大。不同的物体是由不同的原子组成的,因此能发出不同波长的波,其辐射波长可以从 γ 射线一直到无线电波,其中能被其他物体吸收并重新转化为热能的波长是 $0.4 \sim 0.77\,\mu\mathrm{m}$ 的可见光和波长是 $0.77 \sim 40\,\mu\mathrm{m}$ 的红外线,辐射热的过程就称为热辐射。辐射式温度计就是利用受热物体的辐射能大小与温度具有的关系来确定被测物体的温度。

物体不仅有热辐射的能力,还有吸收外界热辐射的能力。若物体能够吸收落在该物体表面的全部热辐射能,没有任何透过或反射,该物体称为黑体。物体的辐射能力与其吸收的能力成正比,因此黑体具有全波长辐射能力。根据斯特藩-玻尔兹曼定律,黑体的全辐射能量与其热力学温度的 4 次方成正比,这个结论称为"全辐射定律"。辐射式测温仪上用的材料,一般都为非黑体,它们虽然只能辐射或吸收部分波长的辐射能,但仍然遵循全辐射定律。因此,在实体测温时要考虑黑体修正。但非接触测温由于受到距离,测量位置等各方面影响,对于温度幅度变化较小的情况敏感性较低。我们常用的非接触测温设备如图 1.31 所示。

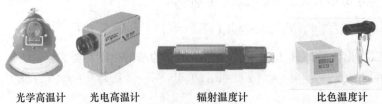

光学高温计　　　光电高温计　　　辐射温度计　　　比色温度计

图 1.31　常见几种非接触测温设备

如果被测物体处在一定环境或背景之中,其自身所具有的辐射能量,通过大气媒介传输给红外测温仪,红外测量仪将接收的辐射能量转换为电信号,然后经过相应线性处理、电路补偿及电路放大后,最终在红外测温仪显示终端进行温度显示。如图 1.32 所示,红外测温仪主要包括显示终端、信号处理电路以及光学系统探测器。整个系统的核心设备就是红外探测器,它能够将入射辐射能通过一定的技术转化为电信号。根据探测器所具有的特性,可将其划分为两大类,即光探测器和热探测器。黑体反射系数设定为 1,灰体反射系数小于 1。根据普朗克定理,有

$$P_{b}(\lambda T) = \frac{c_1 \lambda^{-5}}{\dfrac{\exp c_2}{\lambda T - 1}} \tag{1-61}$$

式中:$P_b(\lambda T)$ 为辐射出射度;λ 为波长;T 为热力学温度;c_1,c_2 为辐射常数。

由式(1-61)可获得图 1.33 所示的关系曲线。

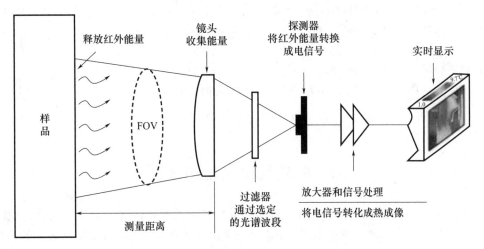

图 1.32　红外测温仪测温原理图

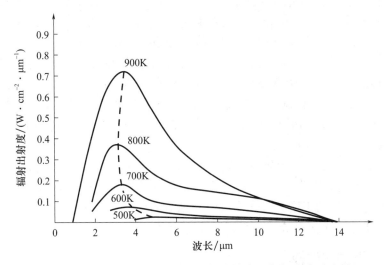

图 1.33　不同温度下黑体辐射强度与波长关系曲线(普朗克定律)

随着物体温度升高,其辐射能量变大,并且其辐射峰值开始向短波方向进行移动,并且满足维恩位移定理,峰值处的波长与热力学温度 T 成反比。图1.33中所示的虚线实质上就是 λ 处峰值之间所具有的相应连线。基于式(1-61),高温测温仪工作一般处于短波位置上,而低温测温仪工作总是处于长波位置上。伴随着温度的变化,在短波位置工作的测温仪,其信噪比较高(灵敏度高),具有较强的抗干扰性,因此选择测温仪时,应尽可能选择工作处于峰值波长处,尤其是温度低且目标较小的情况。

基于斯特藩-玻耳兹曼定理,可知黑体所具有的辐射力 $P_b(T)$,其与温度 T 的四次方成正比,即

$$P_b(T) = \sigma T^4 \tag{1-62}$$

式中:黑体的辐射力 $P_b(T)$ 为单位时间内单位表面积向其上的半球空间的所有方向辐射出去的全部波长范围内的能量,其中,σ 为斯特藩常量;T 为物体温度。由式(1-62)可知,如果条件相同的情况下,实际物体的辐射力 $P(T)$ 总是小于同温度下黑体的辐射力 $P_b(T)$,即实际物体的辐射力 $P(T)$ 与物体在同温度下黑体的辐射力 $P_b(T)$,两者的比值称为实际物体的发射率(习惯上称黑度)[10],记为 ε。公式表示为

$$\varepsilon = P(T)/P_b(T) \tag{1-63}$$

则通过式(1-62),式(1-63),得

$P(T) = \varepsilon P_b(T)$,$P(T) = \varepsilon \sigma T^4$,则所测物体的相应温度为

$$T = \left(\frac{P(T)}{\varepsilon \sigma}\right)^{\frac{1}{4}} \tag{1-64}$$

1.3　叶轮机械气动测试技术

测试技术是测量和实验技术的统称。测量是确定被测对象属性量值的过程,所做的是将被测量与一个标准尺度的量比较;实验是对研究对象或系统进行实验性研究的过程,测试是实验技术的重要基础。

压气机作为航空发动机的核心部件,其气动性能和稳定性影响着整个发动机的使用寿命甚至乘机人员的安全。旋转失速及喘振是压气机中常见的不稳定现象,出现在发动机进口存在畸变等情况下,其会引发压气机叶片颤振、局部总温升高、性能降低,甚至造成灾难性后果。针对该现象的实验研究取得了可喜的进展,研究人员的关注点从压气机的失速团整体特征(失速团个数及旋转速度)转移到了局部失速先兆(模态波、突尖波)的捕捉,并在实验中采取主动控制策略有效地抑制失速。由此可见,航空叶轮机械领域深入、精细地开展气动相关实验研究对于探寻气动特性产生源头,进而对提高航空发动机燃气轮机等动力装备整体研制水平意义重大。

叶轮机械中气流参数测量分为两类:第一种是稳态参数测量,用来确定压气机主要性能参数如压比、流量效率等;第二种是动态参数测量,用来刻画压气机中的非定常流动现象,如二次流动,这有助于增强对非稳定流动细节的认识。另外,对测量信号的分析处理技术也是深入挖掘叶轮机复杂内流信息的重要环节。

1.3.1　气动测试技术的任务

在科学研究和实践过程中,测试技术的应用十分广泛。随着测试技术的发展,越来越

多地被应用于认识自然界和过程实践的各种现象、了解研究对象的状态以及变化规律等。实际中的机械装备,结构形式繁多、运动规律各异、环境多种多样,为了掌握机械装备及其零部件的运动学、动力学以及受力和变形状态,理论分析方法有时难以应用或无法满足工程要求,在这种情况下,通常需要借助测试技术,检验、分析和研究有关现象及其规律。

例如,为了获得汽车的载荷、评价车架的强度与寿命,需要测定汽车所承受的随机载荷和车架的应力、应变分布;为了研究飞机发动机零部件的服役安全性,首先需要对其负荷即温度、压力等参数进行测试;为了消除机床刀架的颤震以保证加工精度,需要测定应力状态,评价设备的服役安全性和可靠性、改进工艺和提高设备的生产能力,需要评定轧制力、传动轴扭矩等;设备振动和噪声会严重降低工作效率并危害健康,因此需要现场实测各种设备的振动和噪声,分析振源和振动传播的路径,以便采取减振、隔振等措施。

测试技术在机械工程等领域的应用包括:

(1)产品开发和性能试验。在设备设计及改造工程中,通过模型试验或现场实测,可以获得设备及其零件的载荷、应力、变形以及工艺参数和性能参数等,实现对产品质量和性能的客观评价,为产品技术参数优化提供基础数据。例如,对齿轮传动系统,要做轴承能力、传动精度、运行噪声、振动机械效率和寿命等性能测试。

(2)质量控制和生产监督。测试技术是质量控制和生产监督的基本手段。在设备运行和环境监测中,经常需要测量设备的振动和噪声,分析振源及其传播途径,进行有效的生产监督,以便采取有效的减振、防噪措施;在工业自动化生产中,通过对其有关工业参数的测试和数据采集,可以实现对产品的质量控制和生产监督。

(3)设备的状态监测和故障诊断。利用机器在运行或试验过程中出现的诸多现象,如温升、振动、噪声、流量、应力变化、润滑油状态来分析、推测和判断,运用故障诊断技术可以实现故障的精确定位和故障分析。

1.3.2　测试技术的主要内容

测试过程是通过合适的实验和必要的数据测量,从研究对象中获得有关信息的认识过程。通常,测试技术的主要内容包括测量原理、测量方法、测量系统和数据分析 4 个方面。

测量原理是指实现测量所依据的物理、化学、生物等现象及有关定律的总体。例如,利用压电晶体测振动加速度依据的是压电效应;利用电涡位移传感器测静态位移和振动位移依据的是电磁效应;利用热电偶测量温度依据的是热电效应。不同性质的被测量依据不同的原理测量,同一性质的被测量也可以通过不同的原理去测量。

测量原理明确后,根据对测量任务的具体要求和现场实际情况,需要采取不同的测量方法,如直接测量法和间接测量法、电测法和非电测法、模拟测量法或数据测量法、等精度测量法或不等精度测量法。

确定了被测量的原理和测量方法后,需要设计或选用合适的装置组成的测量系统。

最后,通过对测试数据的分析、处理,获得所需要的信息,实现测试目标。

信息是事物状态和特征的表征,信息的载体就是信号,表征无用信息的信号统称噪声。通常测得的信号中包含有用信号和噪声。测试技术的最终目标就是从测得的复杂信号中提取有用信号,排除噪声。

1.3.3　测试系统的组成

测试系统一般由激励装置、传感器、信号调理、信号处理和显示记录等几大部分组成，如图 1.34 所示。

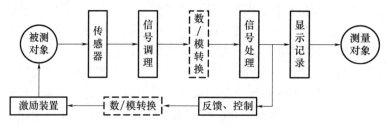

图 1.34　测试系统组成示意图

测试对象的信息，即测试对象存在方式和运动状态的特征，需要通过一定的物理量表现出来，这些物理量就是信号。信号需要通过不同的系统或环节传输。有些信息在测试对象处于自然状态时就能表现出来，有些信息则需要在被测对象受到激励后才能产生便于测量的输出信号。

传感器是对被测量敏感、并能将其转换成电信号的器件，包括敏感器和转换器两部分。敏感器把温度、压力、位移、振动、噪声和流量等被测量转换成某种容易变成电量的物理量，然后通过转换器把这些物理量转换成容易检测的电量，如电阻、电容、电感的变化。

信号的调理环节把传感器的输出信号转换成适合于进一步传输和处理的形式。这种信号的转换多数是电信号之间的转换，例如把阻抗变化转换成电压变化，还有滤波、增幅放大或者幅值的变化转换成频率的变化等。

信号处理环节是对来自调理环节的信号进行各种运算、滤波和分析。模/数（A/D）转换和数/模（D/A）转换环节是采用计算机、PLC 等测试、控制系统时，进行模拟信号和数字信号相互转换的环节。

信号显示、记录环节则是将来自信号处理环节的信号以易于观察的形式显示或储存。

需要指出的是，任何测量结果都存在误差，因而必须把误差限制在允许范围内。为了准确获得被测对象的信息，要求测试系统中每一个环节的输出量与输入量之间必须有一一对应关系，并且其输出的变化在给定的范围内反映其输入量的变化，实现不失真测试。

1.3.4　测试技术的发展

测试技术是科学技术发展水平的综合体现。随着传感器技术、计算机技术、通信技术和自动控制技术的发展，测试技术也在不断地发展新的测量原理和测试方法，提出新的信号分析理论，开发出新型、高性能的测量仪器和设备。测试技术及系统的发展趋势有以下几点：

（1）传感器趋于微型化、智能化、集成化和网络化。

（2）测试仪器向高精度、多功能、智能化方向发展。

（3）参数测量与数据处理以计算机为核心，参数测量、计算分析、数据处理、状态显示及故障预报的自动化程度越来越高。

参考文献

［1］杨玉顺．工程热力学［M］．北京：机械工业出版社，2009．

［2］帅永，齐宏，艾青，等．热辐射测量技术［M］．哈尔滨：哈尔滨工业大学出版社，2018．

［3］肖鹏．复杂工况下小型离心压气机性能分析与优化设计研究［D］．湘潭：湘潭大学，2018．

［4］孟刚，杜晨．静态压力标准器的发展趋势［J］．仪器仪表用户，2018，25（01）：111-112．

［5］孔祥龙，李庆利，崔晓春，等．连续式风洞真空系统设计［J］．真空，2016，53（03）：52-55．

［6］马荣，金贺荣，宜亚丽，等．静轴式压气机结构设计与静力学性能分析［J］．推进技术，2022，43（07）：66-74．

［7］姚君．基于数字信号处理功能实现的动态探针研制［D］．北京：中国科学院研究生院（工程热物理研究所），2010．

［8］杨欢，秋实，陈思林，等．探头偏转角对皮托管测速精度影响分析［J］．测控技术，2012，31（10）：12-15．

［9］杨世铭，陶文铨．传热学［M］．4 版．北京：高等教育出版社，2006．

第2章 误差分析及实验数据处理

2.1 误差概念

2.1.1 真值与误差

在任何一种测量中,不可避免地存在误差。测量总是希望十分准确地得出被测对象的真值,然而参与测量的 5 个要素,即测量装置、测量人员、测量方法、测量环境和被测对象自身都不能够做到完美,使得测量结果与客观真值之间必然存在一定差异,这种差异反映在数学上就是测量误差[1]。

若以 A 代表真值,I 代表测得值,Δ 代表误差,则

$$\Delta = I - A \tag{2-1}$$

若测得值大于真值,误差为正,反之为负,此误差也称绝对误差。

用相对误差说明测量结果的优劣和可信性往往更确切,若以 γ 代表相对误差,则有

$$\gamma = \frac{\Delta}{A} \times 100\% \tag{2-2}$$

由于真值无法确切知道,因此误差计算只是对误差大小的一种估计,就是在真值不知的情况下合理地估计出误差的范围来。

为了减小测量的总误差,在选择仪表量程时,应尽可能使测量值接近于满量程。一般应使测量值在满量程的 2/3 以上。

2.1.2 误差的分类

误差按照其性质分为系统误差、偶然误差、粗大误差 3 类。

(1)系统误差。在一定测量条件下,出现的恒定不变的或按一定规律变化的误差称为系统误差。将在一定条件下保持不变的误差称为恒定误差,将按照某一函数变化的误差称为变差。

系统误差主要由测量仪器、实验装置、测量方法和观测者本身,以及测量时的外界环境(如温度、湿度等)影响所引起。系统误差决定了测量结果的准确度,系统误差小则准确度高、结果可信。

(2)偶然误差。偶然误差又称随机误差,是指对同一物理量在相同条件下进行多次测量时,即使在消除一切系统误差后,每次测量结果仍会出现一些无规律变化[2],但多次测量得到的测量值分布在一定的范围之内,当测量次数足够多时,就可以发现这些测量值的误差服从某种统计规律,这类误差称为偶然误差。

在测量过程中造成偶然误差的因素很多,而且不尽皆知,加上各种因素相互影响与制

约,不能确定各个因素的影响大小。因此,偶然误差既不能消除也不可控制。在误差理论中常用精密度来表征偶然误差的大小,它是指多次重复测量中所得数据的重复性或分散的程度。偶然误差越小,精密度就越高。

(3)粗大误差。在一定测量条件下,明显超出在规定条件下预期的大误差称为粗大误差,含有粗大误差的测量值称为坏值(异常值)。测量操作不当、读错、记错等主观失误是造成粗大误差的主要原因,造成粗大误差的客观原因主要是电压波动、机械冲击、外界震动、电磁干扰等。有粗大误差的数据应予以剔除。

2.2　偶然误差与系统误差分析

2.2.1　偶然误差的分布特性与消除方法

偶然误差受多种已知或未知的复杂因素影响,想要分析出误差的原因从而对误差进行修正是极为困难的。由于主要目的是设法估计出偶然误差对测量结果的总体影响程度,因此可以借助概率统计知识来研究偶然误差的统计规律[3]。

经大量实践证明,多数偶然误差服从正态分布,少数服从非正态分布。因此,这里只研究偶然误差的正态分布规律。

设测量的真值为 L_0,测量出一系列的值 l_i,则偶然误差 x_i 为

$$x_i = l_i - L_0 \tag{2-3}$$

正态分布的分布密度 $f(x)$ 为

$$f(x) = \frac{1}{\sigma \sqrt{2\pi}} e^{-\frac{x^2}{2\sigma^2}} \tag{2-4}$$

式中:σ 为标准偏差。

正态分布的概率密度曲线如图 2.1 所示。

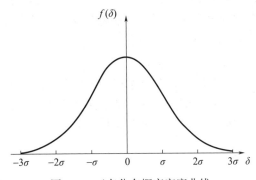

图 2.1　正态分布概率密度曲线

该高斯曲线反映了偶然误差的 4 条分布特性。

(1)误差分布的对称性:误差分布的对称性即大小相等、符号相反的误差出现的概率近似相等。

(2)误差分布的单峰性:小误差出现的机会比大误差多,分布曲线呈"两头小,中间大"的单峰形。

（3）误差分布的有界性：在有限次测量中，误差的绝对值不会超过一定的范围[4]。

（4）误差分布的抵偿性：误差分布的抵偿性指测量次数无限增加时，误差的算术平均值趋于零。

因此，采用算术平均值作为测量结果就消除了偶然误差的影响。σ 决定高斯曲线的形状，σ 小，曲线陡峭，误差分布密集，说明测量系统质量好，精密度高[4]。而 σ 大，曲线平缓，误差分布离散，说明测量系统质量差，精密度低。因此，常用标准偏差 σ 来表征偶然误差的大小，其计算公式为

$$\sigma = K \sqrt{\frac{\sum_{i=1}^{n} v_i^2}{N-1}} \tag{2-5}$$

式中：v_i 为偏差；K 为由测量次数 N 所决定的系数，列于表 2-1 中。从表 2-1 可见，N 越少，K 越大。这是因为用偏差来计算误差，本质上只是一种估计。测量次数越少，这种估计本身的误差就越大，因此误差就估计得越大些。

表 2-1　标准偏差计算的修正系数 K 与测量次数 N 的关系

N	2	3	4	5	6	8	9	10	20	30	40	50	∞
K	1.25	1.13	1.09	1.06	1.05	1.04	1.04	1.03	1.03	1.01	1.01	1.01	1.01	1

由于高斯曲线在 $-\sigma$ 到 $+\sigma$ 区间积分等于 68%，因此，在一组测量中有 68% 的偶然误差绝对值小于 σ，而 32% 的偶然误差绝对值大于 σ。可以说。任意一个测量值处于真值（$\pm\sigma$）的范围内的机会是 68%，也可以反过来说，真值处于任意一个测量值（$\pm\sigma$）的范围内的机会是 68%。

工程上更习惯用极限误差 δ 表示偶然误差，有

$$\delta = 3\sigma \tag{2-6}$$

由于高斯曲线在 $\pm 3\sigma$ 范围内的积分等于 99.7%，因此只有 0.3% 的机会可能超过它，这意味着在测量 333 次中才有一次误差可能超过 $\pm 3\sigma$。实际上可以认为，所有可能发生的偶然误差，其绝对值都不超过 3σ，即任意一个测量值一定处于真值 $\pm\delta$ 范围内。反过来说，真值一定在任意一个测得值 $\pm\delta$ 范围内。

实际进行的测量次数不可能非常多。因此绝对值相等的正负误差出现的次数不一定正好相等，从而不一定正好互相抵消完。所以算术平均值虽然比每个个别测得值好，但仍然有偶然误差残留，而非真值。算术平均值的标准误差 S 为

$$S = \frac{\sigma}{\sqrt{N}} \tag{2-7}$$

由式（2-7）可见，测量次数 N 增加，算术平均值的偶然误差就减少。N 趋于 ∞，偶然误差趋于零。N 增加的效果，开始比较明显，大于 10 时，误差的减少已不太显著，因此一般取 N 为 10 ~ 12 就足够了。

2.2.2　系统误差的发现及其减小

系统误差按其性质可分为两类：一是固定不变的系统误差；二是按一定规律变化的系

统误差。一般来说,减小系统误差的方法有两种:一是从根源消除系统误差,二是引入更正值对测量结果进行修正[5]。

下面举例说明几种常用的减小系统误差的方法。

1. 代入法

代入法是指在一定测量条件下,选择一个已知大小适当的标准量去代替原被测量,并保证仪器指示值不变,于是被测量的量可求出。这种方法在电测量中应用较多。

例如使用天平测质量时,在右盘放待测物 m_x,左盘放中介物(一般用干净细砂),改变中介物的多少使天平平衡。去掉右盘的待测物,用标准砝码 m 代替,天平若再次平衡,则砝码质量 m 为待测物的质量 m_x。如果砝码 m 不能使天平平衡,求出差值 Δm(用已知标准小砝码),则 $m_x = m + \Delta m$。这种测量方法可以消除天平的不等臂系统误差。

2. 交换法

交换法也称对照法,属于改变测量条件,从而消除系统误差的一种方法。这种方法在实际测量中应用较多。仍以天平称量为例,当天平臂长误差 $l_1 \neq l_2$ 而天平平衡时,有

$$m_x = \frac{l_1}{l_2} m \tag{2-8}$$

交换 m_x 和 m 的位置,此时 m 将换成 $m' = m + \Delta m$ 才能和 m_x 相平衡。所以有

$$m_x = \frac{l_2}{l_1} m' \tag{2-9}$$

联立上述两式可得

$$m_x = \sqrt{mm'} \approx m\left(1 + \frac{1}{2}\frac{\Delta m}{m}\right) = \frac{1}{2}(2m + \Delta m)$$

所以

$$m_x \approx \frac{m + m'}{2} \tag{2-10}$$

式(2-10)说明,被测量 m_x 与 l_1、l_2 无关,这就消除了 $l_1 \neq l_2$ 所造成的系统误差。

3. 对称法

用对称法可以消除测量中的线性误差。假定已经确定某一被测量存在线性误差,取某一点为中点,对称于该点的一对系统误差的算术平均值彼此相等。利用这一特点,可进行对称的测量,以使测量结果中相互比较的是对称分布的测量结果的算术平均值[5]。要注意的是,这里的对称是指测量时间的对称。

4. 半周期偶次测量法

对于周期性误差,有效的消除方法是每经过半个周期测量一次,然后取先后两次测量结果的平均值,该值消除了周期性误差。

2.3　误差的合成

2.3.1　偶然误差的合成

若有 n 项对测量结果均有影响的偶然误差 $x_1, x_2, \cdots, x_n$,其对应的标准偏差分别为

$\sigma_1, \sigma_2, \cdots, \sigma_n$。根据方差运算的规则,测量结果的综合偶然误差 x_r 的标准偏差 σ_r 应为

$$\sigma_r = \sqrt{\sum_{i=1}^{n} \sigma_i^2 + 2 \sum_{1 \leqslant i < j}^{n} \rho_{ij} \sigma_i \sigma_j} \tag{2-11}$$

式中:ρ_{ij} 为第 i 个和第 j 个单项偶然误差间的相关系数。

在应用上式时,各单项偶然误差的概率可以不一样,只要存在方差,综合偶然误差的标准误差均可按该式计算。在实际应用中,往往是以给定置信概率下的极限误差来表示偶然误差的。对于分别属于不同分布类型的 n 个单项误差如何综合,以及在误差分布完全未知的情况下怎么合成,有待于进一步研究。

目前常见合成方法是计算法和高斯合成法。

1. 计算法

根据各单项偶然误差的概率分布密度函数,求出合成的偶然误差概率密度分布函数,再用概率积分求出给定置信概率下的误差限。显然这是比较准确的方法,但是各单项误差的概率密度分布函数只能近似估计,因此这种方法并不方便。

2. 高斯合成法

高斯合成法是一种近似估计法,具体为:对于非正态分布的综合偶然误差,在求得综合标准误差后,按正态分布估计出在给定置信概率 p_u 下的误差限。

在真值未知的情况下,误差 $\Delta = 1 - A$ 无法计算,通常可以综合各方面估计出误差绝对值的一个上界 U,即

$$U = \sup |x| \tag{2-12}$$

式中:U 为不确定度(置信限)。

估计值 U 的可信程度通常以概率给出,称为置信概率 p_u。常用置信概率可取 0.68、0.90、0.95、0.995、0.9973 等,对于正态分布的误差,$p_u = 0.68$ 对应的极限误差为 1.00σ,$p_u = 0.9973$ 则对应 3.00σ。

设 l_r、σ_r、k_r 分别为综合偶然误差的误差限、标准偏差和置信系数,$\sigma_1, \sigma_2, \cdots, \sigma_n$ 为各单项误差的标准偏差,则有

$$l_r = k_r \sigma_r = k_r \sqrt{\sum_{i=1}^{n} \sigma_i^2 + 2 \sum_{\substack{i < j \\ i=1}}^{n} \rho_{ij} \sigma_i \sigma_j} \tag{2-13}$$

式中:k_r 可按给定置信概率 p_u 查正态分布表得到。

$$\Phi(k_r) = p_u \tag{2-14}$$

如果不知道各单项误差的标准误差,但是已知单项误差 ε_i 的大体分布规律及误差限 l_i,则可对各单项误差的标准差进行估计。根据式(2-10)有

$$l_i = k_i \sigma_i$$

从而

$$\sigma_i = l_i / k_i \tag{2-15}$$

式中:l_i, k_i 为某单项误差给定概率下的误差限和置信系数。

这时,综合误差的误差限为

$$l_r = k_r \sqrt{\sum_{i=1}^{n} \left(\frac{l_i}{k_i} \right)^2 + 2 \sum_{\substack{i < j \\ i=1}}^{n} \rho_{ij} \frac{l_i}{k_i} \frac{l_j}{k_j}} \tag{2-16}$$

式中:k_r 仍按照给定置信概率 p_u 查正态分布表得到。

高斯合成法应用在单项误差项目较多,且分别对综合结果影响差不多的情况下,能得到比较准确的结果,因为此时综合偶然误差的分布比较接近于正态分布。当不能满足上述条件时,综合偶然误差的分布和正态分布相差较远,为了能使计算的误差限比较贴合实际情况,可以先对综合偶然误差分步进行估计,然后按所估计的分布和给定的置信概率来确定 k_r 值。

2.3.2　系统误差的合成

一般系统误差有两种情况:一是知道其极限值,并知道其符号,称为常差 E,总的系统误差可按照代数和的方法合成;另一种是只知道其极限值,而不知其符号,有下列两种合成方法。

1. 绝对和法

比较保险的方法是求出各单项未知系统误差的误差限 l_i 线性相加之和,即

$$l_s = l_1 + l_2 + \cdots + l_i + \cdots + l_n = \sum_{i=1}^{n} l_i \tag{2-17}$$

绝对和法仅在各单项误差项目较少时使用($n < 10$),因为这样合成过于保守。在合成时必须注意,各单项误差限应具有相同的置信概率,从而使合成后总的误差具有相同的置信概率。

2. 方和根法

$$l_s = \sqrt{l_1^2 + l_2^2 + \cdots + l_i^2 + \cdots + l_n^2} = \sqrt{\sum_{i=1}^{n} l_i^2} \tag{2-18}$$

方和根法在 n 较大时使用,所得结果比较接近实际情况。

应用举例:

根据 GB/T 27418—2017《测量不确定度评定和表示》,在进行物理量的测量时,不仅要给出测量结果,还要给出所测物理参数的一个定量的评价标准,以便验证此测量方法的可靠性。在此标准中,评判不确定度的标准通常分成两类,即 A 类和 B 类。其中,A 类标准是指用统计方法进行测量的不确定性分析;B 类标准是指用非统计方法进行测量的不确定性分析,其参考依据有设备说明书、校准证书等。在本实验中,采用的是 B 类标准,即以仪器设备的铭牌有关误差的说明进行不确定性分析。

在进行不确定性分析之前,首先要根据平面叶栅实验所用到的测量设备的精度以及量程,从而推算出其误差范围区间。其原理是假设仪器设备的测量数据在误差值范围 $[-E, E]$ 内均匀分布,这样就能用式(2-19)计算 B 类不确定度。而对于间接测得的物理量,需要使用直接测量的物理量在特定的公式中运算得到的新物理量,还需要建立新物理量与初始物理量之间的关系,然后经过误差传递的过程推算出其不确定度。

$$u(X) = \frac{E}{\sqrt{3}} \tag{2-19}$$

式中:$u(X)$ 为直接测量物理量 X 的 B 类不确定度;E 为测量仪器设备的误差限。

$$u(Y) = \sqrt{\sum_{j=1}^{N} \left[\frac{\partial f}{\partial x_j} \right]^2 u^2(x_j)} \tag{2-20}$$

式中：$u(Y)$ 为间接测量物理量 Y 的合成标准不确定度；$u(x_j)$ 为直接测量物理量 x_j 的 B 类标准不确定度；$\dfrac{\partial f}{\partial x_j}$ 为间接测量物理量 Y 关于直接测量物理量 x_j 的偏导数。

在求这几个物理量的不确定度之前，首先需要在相关仪器设备的说明书上找到其精度和量程，从而计算出其误差限，平面叶栅实验中使用到的相关仪器的精度和量程如表 2-2 所列。

表 2-2　平面叶栅实验相关仪器参数

编号	设备名称	型号	量程	精度	测量物理量
1	压力变送器	HSTL-800	$0 \sim 10.5\mathrm{kPa}$	$\pm 0.1\% \mathrm{F \cdot S}$	大气压力
2	温度变送器	Pt100	$-10 \sim 50℃$	$\pm 0.2\% \mathrm{F \cdot S}$	大气温度
3	差压变送器	HTP-102	$-10 \sim +10\mathrm{kPa}$	$\pm 0.1\% \mathrm{F \cdot S}$	气流压力

下面求其中 5 个物理量即密度、速度、马赫数、表征压力系数和总压损失系数的不确定度。

密度表达式为

$$\rho = \frac{P}{RT} \tag{2-21}$$

密度和基本物理量温度 T 和压力 P 有关，即 $\rho = f(P,T)$，可以计算出密度的合成标准不确定度，即

$$u(\rho) = \sqrt{\left(\frac{\partial f}{\partial P}\right)^2 u^2(P) + \left(\frac{\partial f}{\partial T}\right)^2 u^2(T)} \tag{2-22}$$

式中：$u(\rho)$ 为平面叶栅实验中密度的合成标准不确定度，无量纲。

平面叶栅实验中总压为直接测量值，标准不确定度为

$$u(P^*) = \frac{E}{\sqrt{3}} \tag{2-23}$$

式中：E 为压力测量设备的误差极限，无量纲。

平面叶栅实验中，马赫数和总压值、静压值以及温度有关，即 $Ma = f(P,P^*,T)$，从而可以计算出马赫数的合成标准不确定度，即

$$u(Ma) = \sqrt{\left(\frac{\partial f}{\partial P}\right)^2 u^2(P) + \left(\frac{\partial f}{\partial P^*}\right)^2 u^2(P^*) + \left(\frac{\partial f}{\partial T}\right)^2 u^2(T)} \tag{2-24}$$

式中：$u(Ma)$ 为平面叶栅实验中马赫数的合成标准不确定度，无量纲。

在平面叶栅实验中，表征压力系数和总压值、静压值以及温度有关，即 $C_p = f(P,P^*,T)$，从而可以计算出表征压力系数的合成标准不确定度，即

$$u(C_p) = \sqrt{\left(\frac{\partial f}{\partial P}\right)^2 u^2(P) + \left(\frac{\partial f}{\partial P^*}\right)^2 u^2(P^*) + \left(\frac{\partial f}{\partial T}\right)^2 u^2(T)} \tag{2-25}$$

式中：$u(C_p)$ 为平面叶栅实验中表征压力系数的合成标准不确定度，无量纲。

总压损失系数和总压值、静压值以及温度有关，即 $\omega = f(P,P^*,T)$，从而可以计算出

总压损失系数的合成标准不确定度,即

$$u(\omega) = \sqrt{\left(\frac{\partial f}{\partial P}\right)^2 u^2(P) + \left(\frac{\partial f}{\partial P^*}\right)^2 u^2(P^*) + \left(\frac{\partial f}{\partial T}\right)^2 u^2(T)} \qquad (2\text{-}26)$$

式中:$u(\omega)$ 为平面叶栅实验中总压损失系数的合成标准不确定度,无量纲。

利用表 2-2,可以查询得到直接测量物理量的不确定度,然后结合上述公式可以算出各个间接测量物理量的合成标准不确定度,但是一般对于被测量 y,评判的标准是其相对不确定度,即 $u(y)/y$。在 95% 置信水平的条件下,总压、密度、马赫数、表征压力系数和总压损失系数的相对不确定度分别为:1.36%、1.52%、1.26%、0.81%、1.02%。

2.3.3　偶然误差和系统误差的合成

当求出了总偶然误差和总系统误差后,测量的总误差是上述两项误差的合成。常用的合成方法有下列两种:

第一种方法是采用随机误差合成法,已知总的随机误差限为 $l_r = k_r\sigma_r$,总的已知系统误差为 E_s。这里必须注意,总的不确定系统误差 δ_i 不易求得,一般是作为随机误差处理的,即系统误差 $\sigma_s = k_s\sigma$。所以总的不确定系统误差中综合考虑了各单项不确定系统误差的误差限,参考式(2-27)和式(2-28)。

在上述已知条件下,综合误差的标准误差为

$$\sigma_t = \sqrt{\sigma_s^2 + \sigma_r^2} \qquad (2\text{-}27)$$

综合误差的误差限为

$$l = E_s + k_r\sigma_t \qquad (2\text{-}28)$$

式中:k_r 为综合误差的置信系数。

当总的不确定系统误差与总的随机误差都服从正态分布时,k_r 按正态分布表查得;如果总的不确定系统误差与总的随机误差不服从或不全服从正态分布,总误差限应按高斯合成法求得,k_r 仍按正态分布表(附录 K)查得。

第二种方法是按给定的误差数学模型进行。例如美国推荐使用的误差合成数学模型为

$$U = B + t_{0.95}S \qquad (2\text{-}29)$$

式中:B 为系统误差的极限值;$t_{0.95}$ 为 t 分布置信概率为 0.95 时的置信系数;S 为随机误差的标准误差(σ_r)

当测量次数较多时,可用以下数学模型

$$U = B + k_r\sigma_r \qquad (2\text{-}30)$$

$$B = E_r + e_s$$

式中:σ_r 为综合随机误差的标准误差;k_r 为正态分布时的置信系数,其值取决于置信概率。

上述误差合成的方法,可用于单次测量的总极限误差,也可用于多次测量后平均值的误差。计算多次测量平均值的综合误差时,N 次测量的随机误差也就是随机误差的标准误差,是单次测量的 $1/N$ 倍;而对于系统误差,由于它没有抵偿性,在多次测量时仍和单次测量一样,因此多次测量平均值的总误差并不为单次测量的 $1/N$ 倍。

2.4 误差传递

2.4.1 误差传递公式

叶轮机械气动实验中有一些参数不能够用仪器直接测得,往往是直接测量另一些参数,然后通过公式计算间接求出。例如流场测量中的速度测量,很多都是通过间接测量压力换算得到的。

由直接测量的精度来估计结果参数的精度,即解决精度通过确定的函数关系如何合成的问题。这是在已知函数关系及直接测量误差的情况下,计算函数的误差,即求结果参数的误差,称为误差的传递。

结果参数 y 与直接测量的互不相关的独立参数 $x_1, x_2, \cdots, x_n$ 有如下关系:

$$y = f(x_1, x_2, \cdots, x_n) \tag{2-31}$$

对式(2-31)进行全微分,得

$$dy = \frac{\partial y}{\partial x_1}dx_1 + \frac{\partial y}{\partial x_2}dx_2 + \cdots + \frac{\partial y}{\partial x_n}dx_n \tag{2-32}$$

这就是 y 的绝对误差 dy 和各个参数的绝对误差 $dx_1, dx_2, \cdots, dx_n$ 之间的关系式。用 y 除以式(2-32),得到相对误差之间的关系为

$$\frac{dy}{y} = \frac{x_1}{y}\frac{\partial y}{\partial x_1}\frac{dx_1}{x_1} + \frac{x_2}{y}\frac{\partial y}{\partial x_2}\frac{dx_2}{x_2} + \cdots + \frac{x_n}{y}\frac{\partial y}{\partial x_n}\frac{dx_n}{x_n} \tag{2-33}$$

在计算误差传递时,用式(2-31)、式(2-32)分析时,由于上式右端各项的误差可正可负,对测量结果的误差影响存在着相互抵消的关系,实际工作中很难确定每一项的正负值,因此根据误差理论,应取各项平方和的开方关系作为最大误差,即

$$d\bar{y} = \sqrt{\left(\frac{\partial y}{\partial x_1}dx_1\right)^2 + \left(\frac{\partial y}{\partial x_2}dx_2\right)^2 + \cdots + \left(\frac{\partial y}{\partial x_n}dx_n\right)^2} \tag{2-34}$$

$$\frac{d\bar{y}}{y} = \sqrt{\left(\frac{x_1}{y}\frac{\partial y}{\partial x_1}\frac{dx_1}{x_1}\right)^2 + \left(\frac{x_2}{y}\frac{\partial y}{\partial x_2}\frac{dx_2}{x_2}\right)^2 + \cdots + \left(\frac{x_n}{y}\frac{\partial y}{\partial x_n}\frac{dx_n}{x_n}\right)^2} \tag{2-35}$$

用平方和的开方来计算误差的传递,是因为所有测得值的误差同时出现极端的情况实际上是不存在的。采用平方和的开方计算误差比采用绝对值相加要小得多。

实际情况中,式(2-34)和式(2-35)中的各项并非一样大,有的直接测量值的误差与其他相比可以忽略,这样计算可大为简化。一般认为,满足下式时,就可以忽略不计,这通常称为微小误差准则。

$$\frac{\partial y}{\partial x}dx \leqslant \frac{1}{3}dy \tag{2-36a}$$

或者

$$\frac{x}{y}\frac{\partial y}{\partial x}\frac{dx}{x} \leqslant \frac{1}{3}\frac{dy}{y} \tag{2-36b}$$

2.4.2 计算间接测量参数的误差

下面以实际问题为例,说明如何使用误差传递公式计算间接测量参数的误差。

例如,在离心或者轴流压气机实验中,采用温差法测量压气机效率,即测量总温升、总压升计算效率的方法。此时,效率公式为

$$\eta = \frac{T_{01}\left[\left(p_{02}/p_{01}\right)^{(k-1)/k} - 1\right]}{T_{02} - T_{01}} = \frac{T_{01}\left[\left(p_{02}/p_{01}\right)^{(k-1)/k} - 1\right]}{\Delta T_{0k}} \tag{2-37}$$

式中:T_{01} 为压气机进口总温;p_{01} 为压气机进口总压;T_{02} 为压气机出口总温;p_{02} 为压气机出口总压;ΔT_{0k} 为压气机温升,$\Delta T_{0k} = T_{02} - T_{01}$;$k$ 为绝热指数。

对式(2-37)两边取对数,得

$$\ln\eta = \ln T_{01} - \ln\Delta T_{0k} + \ln\left[\left(p_{02}/p_{01}\right)^{(k-1)/k} - 1\right] \tag{2-38}$$

对式(2-38)两边取微分,得

$$\frac{\mathrm{d}\eta}{\eta} = \frac{\mathrm{d}T_{01}}{T_{01}} - \frac{\mathrm{d}\Delta T_{0k}}{\Delta T_{0k}} + \frac{\mathrm{d}\left[\left(p_{02}/p_{01}\right)^{(k-1)/k} - 1\right]}{\left(p_{02}/p_{01}\right)^{(k-1)/k} - 1} \tag{2-39}$$

式(2-39)右侧最后一项的分子

$$\mathrm{d}\left[\left(p_{02}/p_{01}\right)^{(k-1)/k} - 1\right] = \frac{k-1}{k} \times \left(\frac{p_{02}}{p_{01}}\right)^{(k-1)/k} \times \frac{\mathrm{d}\left(\dfrac{p_{02}}{p_{01}}\right)}{\dfrac{p_{02}}{p_{01}}} \tag{2-40a}$$

这样,式(2-39)中右侧最后一项

$$\frac{\mathrm{d}\left[\left(p_{02}/p_{01}\right)^{(k-1)/k} - 1\right]}{\left(p_{02}/p_{01}\right)^{(k-1)/k} - 1} = \frac{\dfrac{k-1}{k}}{1 - \left(p_{02}/p_{01}\right)^{(1-k)/k}} \times \left(\frac{\mathrm{d}p_{02}}{p_{02}} - \frac{\mathrm{d}p_{01}}{p_{01}}\right) \tag{2-40b}$$

令系数 A 为

$$A = \left(\frac{k-1}{k}\right) \Big/ \left[1 - \left(p_{02}/p_{01}\right)^{(1-k)/k}\right] \tag{2-41}$$

则式(2-39)变为

$$\frac{\mathrm{d}\eta}{\eta} = \frac{\mathrm{d}T_{01}}{T_{01}} - \frac{\mathrm{d}\Delta T_{0k}}{\Delta T_{0k}} + A \times \left(\frac{\mathrm{d}p_{02}}{p_{02}} - \frac{\mathrm{d}p_{01}}{p_{01}}\right) \tag{2-42}$$

对式(2-42)右侧的各项取平方和

$$\frac{\mathrm{d}\overline{\eta}}{\eta} = \sqrt{\left(\frac{\mathrm{d}T_{01}}{T_{01}}\right)^2 + \left(\frac{\mathrm{d}\Delta T_{0k}}{\Delta T_{0k}}\right)^2 + A^2\left(\frac{\mathrm{d}p_{02}}{p_{02}}\right)^2 + A^2\left(\frac{\mathrm{d}p_{01}}{p_{01}}\right)^2} \tag{2-43}$$

式(2-43)为温差法测量压气机效率的相对误差计算公式,适合于离心或轴流式压气机。以下使用具体实例说明:

例:某压气机的增压比为 $p_{02}/p_{01} = 7.14$,压力和温度的测量结果的相对误差为 $\mathrm{d}p_{01}/p_{01} = \mathrm{d}p_{02}/p_{02} = \pm 0.665\%$,$\mathrm{d}T_{01}/T_{01} = \pm 1\%$,$\mathrm{d}T_{0k}/T_{0k} = \pm 1.5\%$。求压气机效率测量的相对误差。

将 $p_{02}/p_{01} = 7.14$ 代入到式(2-41)中,计算得到 $A = 0.665$,应用式(2-43),将系数 A、$\mathrm{d}p_{01}/p_{01} = \mathrm{d}p_{02}/p_{02} = \pm 0.665\%$、$\mathrm{d}T_{01}/T_{01} = \pm 1\%$、$\mathrm{d}T_{0k}/T_{0k} = \pm 1.5\%$ 代入得到

$$\frac{\mathrm{d}\overline{\eta}}{\eta} = \sqrt{\left(1\%\right)^2 + \left(1.5\%\right)^2 + 0.665^2 \times \left(1\%\right)^2 + 0.665^2 \times \left(1\%\right)^2} = \pm 2\%$$

在以上的测试精度下,压气机的效率有 $\pm 2\%$ 的相对误差。

2.5　实验数据处理方法

2.5.1　数据位数的确定

测量结果所得的数字位数不宜太多也不宜太少。尤其是目前广泛采用计算机自动采集数据,正确保留有效位数更具有实际的意义。这是因为测量误差是一种客观存在,不会因为写的位数多和采集位数多就变得更精确,相反写的位数多容易使人误认为测量精度很高[5]。当然写的位数少又会损失精度。

一般误差保留一个数字,而测得值最后一位取至与该误差数字同一数量级。例如,某压缩机空气流量的极限误差是 $\delta = \pm 0.2 m^3/s$,测量计算得到的数值为 $26.521 m^3/s$,则测得的流量数字就只需要保留到小数一位即 $26.5 m^3/s$,测量结果写为 $(26.5 \pm 0.2) m^3/s$。以便科研人员明确测得流量的精度范围,正确采用实验结果。

2.5.2　粗大误差数据的剔除

在等精度的多次测量中,如某一测量与其他测量值相差甚远,则该值可能是含有粗大误差的值。根据误差理论,尽管粗大误差出现的机会极少,但可能性还是存在的。因此出现可疑值时,首先要查明产生可疑值的原因。例如,是否是由于读数错误、记录错误等原因引起的过失错误造成。若确为过失误差引起,则应将此坏值舍去。对于不能肯定是带有过失误差的可疑值,在等精度条件下增加测量次数,验证它是否为正常偶然误差引起。

实际测量中应用较多的是下列可疑值的取舍判别准则。

1. 3σ 准则

3σ 准则是判定粗大误差时最常用最简单的准则。前提是测量次数充分大,而实际测量中难以达到,因此 3σ 准则是一个近似的准则。

在等精度测量所得的数据中,若某个测量值 $x_d(1 \leq d \leq N)$ 对应的残差绝对值满足

$$|v_d| = |x_d - \bar{x}| > 3\hat{\sigma} \tag{2-44}$$

则认为 x_d 是带有过失误差的坏值,应将 x_d 舍去,其中 $\hat{\sigma}$ 用贝塞尔公式计算。

这是以误差服从正态分布和 $p = 0.9973$ 为前提的,由于误差大于 $3\hat{\sigma}$ 的可能性极小,约为 0.3%,因此将大于 $3\hat{\sigma}$ 的残差作为过失误差处理时,所犯"弃真"错误的概率最大为 0.3%。3σ 准则在 N 较小时,可靠性较差,应当在 $N > 10$ 时使用。

例:对某参数进行 12 次等精度测量,测的结果如下所示。假设已消除系统误差,判断下列数据是否含有粗大误差。

序号	x_d	v_d	v_d^2	v_d'	$v_d'^2$
1	20.42	+0.015	0.000225	-0.012	0.000140
2	20.44	+0.035	0.001225	+0.008	0.000067
3	20.45	+0.045	0.002025	+0.018	0.000331

序号	x_d	v_d	v_d^2	v_d'	$v_d'^2$
4	20.41	+0.005	0.000025	-0.022	0.000476
5	20.43	+0.025	0.000625	-0.002	0.000003
6	20.43	+0.025	0.000625	-0.002	0.000003
7	20.40	-0.005	0.000025	-0.032	0.001012
8	20.11	-0.295	0.087025		
9	20.45	+0.045	0.002025	+0.018	0.000331
10	20.44	+0.035	0.001225	+0.008	0.000067
11	20.44	+0.035	0.001225	+0.008	0.000067
12	20.44	+0.035	0.001225	+0.008	0.000067
	$\overline{x_d} = \dfrac{\sum\limits_{d=1}^{12} x_d}{n} = 20.405$	$\sum\limits_{d=1}^{12} v_d = 0$	$\sum\limits_{d=1}^{12} v_d^2 = 0.1$		$\sum\limits_{d=1}^{12} v_d'^2 = 0.002564$

以上数据可计算得

$$\overline{x_d} = 20.405$$

$$\sigma = \sqrt{\frac{\sum\limits_{d=1}^{12} v_d^2}{12-1}} = 0.095 \quad 3\sigma = 0.286$$

由 3σ 准则,序号为 8 的值的 $|v_8| = 0.295 > 0.286$,为粗大误差,剔除。

将剩下的 11 个值重新计算得

$$\overline{x_d'} = 20.432$$

$$\sigma' = \sqrt{\frac{\sum\limits_{d=1}^{11} v_d^2}{11-1}} = 0.016 \quad 3\sigma' = 0.048$$

剩下的 11 个值残差均满足 3σ 准则,不再含有粗大误差。

2. 肖维勒准则

在一组等精度的测量数据中,若某次测量值 x_d 的残差 v_d 满足下式,即

$$|v_d| > k_x \hat{\sigma} \tag{2-45}$$

则认为 v_d 为过失误差,x_d 是含有过失误差的坏值,应将其舍去。

k_x 称为肖维勒系数,可查表 2-3 得到。肖维勒准则也是以正态分布为前提的,在一般情况下($N < 200$),它比拉依达准则要严格些。导出该准则的依据是,在 N 次测量中,误差 δ 可能出现的次数小于 1/2 次,则 δ 认为是过失误差(大误差出现的概率很小)。由于其有表可查,计算方便,应用较为普遍。但当测量次数较少时($N < 10$),准则偏严,例如 $N = 5$ 时,犯"弃真"错误的概率达 20.78%。

表 2-3 k_x 数值表

N	5	6	7	8	9	10	15	20	30	40	100
$k_x = \delta/\sigma$	1.65	1.73	1.80	1.86	1.92	1.96	2.10	2.28	2.41	2.48	2.95

3. 格拉布斯准则

在等精度测量的一组数据中,若测量值 x_d 对应的残差满足

$$|v_d| = |x_d - \bar{x}| > g_0 \hat{\sigma} \tag{2-46}$$

则认为 v_d 是过失误差,应将坏值 x_d 舍去。g_0 为取决于测量次数 N 和信度水平 α 的系数,α(相当于犯"弃真"错误的概率)通常取 0.01 或 0.05,g_0 值可查表 2-4 得到。

表 2-4 格拉布斯准则 $g_0(\alpha, N)$ 数值表

N	α		N	α		N	α	
	0.01	0.05		0.01	0.05		0.01	0.05
3	1.15	1.15	9	2.32	2.11	15	2.70	2.41
4	1.49	1.46	10	2.41	2.18	16	2.75	2.44
5	1.75	1.67	11	2.48	2.23	17	2.78	2.48
6	1.94	1.82	12	2.55	2.28	18	2.82	2.50
7	2.10	1.94	13	2.61	2.33	19	2.85	2.53
8	2.22	2.03	14	2.66	2.37	20	2.88	2.56

2.5.3 实验数据的加权处理

在叶轮机械气动参数的测量中,经常需要对测量值进行加权处理,常用的加权处理方法有按面积加权、按质量流量加权、按测量次数加权、按误差加权[5]。

1. 按面积加权

例如,沿气流通道径向测得 n 个点的压力分布值 $p_1, p_2, \cdots, p_n$。求该截面的压力平均值 $\bar{p}$。由于各观测点所代表的面积不一样,它们相应为 $F_1, F_2, \cdots, F_n$。因此,不能把各点压力值简单作算术平均,而应按面积平均。即

$$\bar{p}_F = \frac{\sum\limits_{i=1}^{n} F_i p_i}{\sum\limits_{i=1}^{n} F_i} \tag{2-47}$$

式中:$\bar{p}_F$ 为按面积加权平均值。各观测点所代表的面积,就是各点测得值的权。面积越大,参加平均时所占的分量就越重。

2. 按质量流量加权

仍以上述压力测量为例。若知道通过各面积 $F_1, F_2, \cdots, F_n$ 的气流流量 $Q_{m1}, Q_{m2}, \cdots, Q_{mn}$,则应按流量加权,通过各面积的流量就是该点测量值的权,于是

$$\bar{p}_{Q_m} = \frac{\sum\limits_{i=1}^{n} Q_{mi} p_i}{\sum\limits_{i=1}^{n} Q_{mi}} \tag{2-48}$$

式中:$\bar{p}_{Q_m}$ 为按照质量加权的平均值。

3. 按测量次数加权

用同样的仪器,在同等精度情况下,测得 n 组数值,其平均值为 $\bar{L}_1,\bar{L}_2,\cdots,\bar{L}_n$,各组的测量次数为 $N_1,N_2,\cdots,N_n$。求总平均值,则按测量次数加权的总平均值 $\bar{L}$ 为

$$\bar{L} = \frac{\sum\limits_{i=1}^{n} N_i\bar{L}_i}{\sum\limits_{i=1}^{n} N_i} \tag{2-49}$$

总平均值 $\bar{L}$ 的标准误差 $S_{\bar{L}}$ 为

$$S_{\bar{L}} = \sqrt{\frac{\sum\limits_{i=1}^{n} N_i v_i^2}{(n-1)\sum\limits_{i=1}^{n} N_i}} \tag{2-50}$$

式中:v_i 为各组平均值与加权总平均值的偏差,$v_i = L_i - \bar{L}$

4. 按误差加权

知道 n 组平均值 $\bar{L}_1,\bar{L}_2,\cdots,\bar{L}_n$ 和标准误差 $S_1,S_2,\cdots,S_n$,可按误差加权。权数与误差的平方成反比,即

$$W_i = K/S_i^2 \tag{2-51}$$

式中:K 为任选的比例常数;W_i 为权数。

此时,总平均值 $\bar{L}$ 为

$$\bar{L} = \frac{\sum\limits_{i=1}^{n} W_i\bar{L}_i}{\sum\limits_{i=1}^{n} W_i} \tag{2-52}$$

因为总权数与总误差平方成反比,则

$$\sum\limits_{i=1}^{n} W_i = K/S_{\bar{L}}^2 \tag{2-53}$$

式中:$S_{\bar{L}}$ 为总平均值的标准误差(总误差)。所以

$$S_{\bar{L}} = \sqrt{\frac{1}{\sum\limits_{i=1}^{n} \frac{1}{S_i^2}}} \tag{2-54}$$

例:对某点温度值进行 6 组不等精度测量,各组测量结果如下:

测 12 次得 271.3500K,测 28 次得 271.1800K,

测 19 次得 270.8000K,测 13 次得 271.5000K,

测 15 次得 270.2500K,测 13 次得 270.6000K。

求最后测量结果(忽略测量结果中的系统误差和粗大误差)。

(1)求加权算术平均值。首先根据 6 组不同的测量次数,确定各组的权重。

取 $p_1 = 12,p_2 = 28,p_3 = 19,p_4 = 13,p_5 = 15,p_6 = 13$

$$\sum_{i=1}^{6} p_i = 100, \bar{\alpha} = \frac{\sum\limits_{i=1}^{n} \alpha_i p_i}{\sum\limits_{i=1}^{n} \alpha_i} = 271.0825$$

(2)求偏差进行校核。由公式 $\sigma_i = \alpha_i - \bar{\alpha}$，得

$\sigma_1 = 0.2675, \sigma_2 = 0.0175, \sigma_3 = -0.2825, \sigma_4 = 0.4175, \sigma_5 = 0.1675, \sigma_6 = -0.4825$

$$\sum_{i=1}^{6} p_i \sigma_i = 0$$

加权偏差代数和等于零，校核得到平均值及偏差计算均正确。

(3)求加权算术平均值的标准差。

$$由公式 \ \sigma_{\bar{x}} = \sqrt{\frac{\sum\limits_{i=1}^{n} p_i v_i^2}{(n-1)\sum\limits_{i=1}^{n} p_i}} \ 得 \ \sigma_{\bar{x}} = 0.1162$$

(4)求加权算术平均值的极限误差。

可知6次测量共有100个直接测得值，认为该测量结果服从正态分布，置信概率取0.9973，则置信系数为3，极限误差为 $\pm 3\sigma_{\bar{x}} = \pm 0.3486$，最终测量结果为 271.0825 ± 0.3486。

参考文献

[1]费业泰. 误差理论与数据处理[M]. 7版. 北京：机械工业出版社,2015.

[2]薛文鹏,黄向华,孙科. 航空发动机外推部件特性的检验方法分析[J]. 测控技术,2021,40(05)：37-42.

[3]王颖,戴俊. 大学物理实验[M]. 南京：南京大学出版社,2020.

[4]陈秉岩,张敏,苏巍,等. 新工科大学物理实验[M]. 南京：南京大学出版社,2018.

[5]田夫. 叶轮机械气动性能的实验研究方法[M]. 北京：清华大学出版社,2013.

第3章 平面叶栅特性基本实验

平面叶栅实验是航空发动机压缩部件研制过程中的基础实验,通过获得不同工况下叶型气动性能和流场特征,为压气机叶型设计方法研究以及工程设计验证提供基础数据。从现有的叶栅理论和实验可知叶栅内流动非常复杂[1],影响因素极多,比如攻角、马赫数、周期性、叶栅几何等。

平面叶栅风洞是叶轮机气动研究的主要设备之一,至今应用时间最长,应用最广。目前还发展出了三维扇/环形叶栅实验器、旋转叶栅以及其他特殊功能的叶栅设备,其目的都是为了更接近真实压缩系统叶片以及所具有的特殊物理现象。本书主要介绍平面叶栅实验基本原理,其他类型叶栅实验可以参考相关专业文献。

3.1 叶栅实验简介

3.1.1 典型叶栅实验原理

叶栅实验的目的是通过吹风实验录取叶栅进口流场参数、叶片表面压力分布、叶栅通道内部流场参数、叶栅出口流场参数,通过计算分析获取实验叶栅流动特性、叶型性能及其随工况的变化规律,进而研究和分析叶型在真实工况下的气动性能和流动特征。叶栅测试的试验件通常为经过相似理论设计的叶型模型。叶栅实验系统其本质是通过模拟、构建叶片排的进口流场(气流速度、气流方向),对叶片进行吹风,测量相关气动参数的一种特殊风洞设备。

3.1.2 平面叶栅实验设备

平面叶栅实验器的典型特征为矩形流道,平行端壁,其试验件叶片为叶轮叶片径向某截面直线拉伸而得,叶片形状、间距、安装角度与原叶型对应成比例。通常情况下平面叶栅实验器实验段参数固定,需对被测叶片进行等比例缩放以适应实验段尺寸要求。

典型压气机平面叶栅实验器一般由气源、进气系统、稳定段、扩压段、收敛段、实验段、喷管段、排气系统、测试系统、控制系统等组成。为满足压气机平面叶栅吹风实验的要求,实验器气源条件、实验段气流速度、实验段尺寸、各子系统功能、实验器状态参数调控精度、测点数量与测量精度应相互调整匹配。

目前,在平面叶栅实验中,实验气体介质一般采用压缩空气。为防止空气湿度对实验段内高速流场的影响,对高亚声速、声速和超声速叶栅实验器而言,应采用干燥处理的压缩空气作为实验介质,并通过调节阀对喷管前压力进行调节和控制。当采用独立气源为叶栅实验器供气时,多采用小流量、高压比压缩机配套高压储气罐建设气源条件。对于低速平面叶栅实验器而言,多采用大流量鼓风机直接供气,且由于实验段气流速度较低可以降低空气的干燥需求。

图 3.1 所示为某型低速平面叶栅风洞,其中 1~3 部分主要作用是为平面叶栅实验提供稳定的气源。实验台气源部分前端唇口部分采用玻璃钢,气源后半部分以及平面叶栅

实验段采用钢材。该实验台使用轴流压气机作为气源,为了保证外界气流平稳地吸入压气机中,进口部分采用纽线设计。气流依次通过唇口、前动力段、后动力段、扩张段、过渡段,最后经过稳压段流入平面叶栅实验段。来流气体马赫数的控制是通过调节气源部分转子转速实现,对于大多数来流攻角,可以保证来流马赫数达到预期要求。

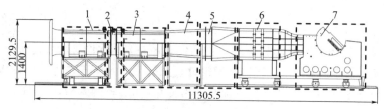

图 3.1　某型低速平面叶栅风洞
1,2,3—动力段;4—扩张段;5—过渡段;6—稳压段;7—实验段。

过渡部分为连接气源部分和平面叶栅实验段部分,其作用是将气流通道截面的形状由圆形通道转换为矩形通道,让气流能够减小损失,平稳过渡。

稳压段使得气流均匀稳定。气流流入流道,气流速度大小以及方向发生改变,湍流度较高,旋涡较大,实验台在过渡段中设有蜂窝网破碎旋涡,提高气流均匀性。收缩段作用是使得流道进一步收缩,提高进口来流马赫数。

实验段是叶栅实验器的核心部分,其主要功能是将喷管出口均匀气流引入到试验件进口,并对流场进行调节与控制,比如对试验件进口流场湍流度调控、气流方向调节及附面层发展控制等。为调节平面叶栅吹风实验的进气攻角范围,通常将叶栅试验件安装在一个旋转圆盘上,为减小外界大气对栅后气流的影响,还可以采用栅后导流板对栅后背压进行微调。此外,为减少风洞实验段固壁附面层对实验状态的影响,在实验段侧壁可采用附面抽吸装置。实验段的截面尺寸由气源能力、实验流量、实验叶型几何参数等方面综合考虑确定。在实验段内,在平面叶栅栅前、栅后以及叶片间通常布有流场测量装置,并在侧面安装位移机构以驱动测量探针开展进出口流场测量。典型的卧式和立式平面叶栅风洞实验段结构图如图 3.2 所示。立式结构的好处是节省占地面积,适合建设小型平面叶栅风洞。

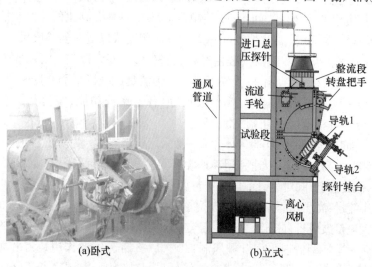

(a)卧式　　　　　(b)立式

图 3.2　卧式和立式叶栅实验器实验段结构示意图

3.2　平面叶栅性能实验

平面叶栅吹风实验可进行的研究内容包括不同工况下叶型气动性能实验,如不同进气马赫数、进气攻角下气动性能测量分析,来获取平面叶栅性能参数。对叶片间流场参数测量,比如叶片表面的压力分布、流线特征、油流图谱等,可以为叶型设计方法研究以及工程设计验证提供支持。叶栅实验数据准确、可靠、有效获取需要在实验设备、试验件和实验工况调节等方面进行仔细设计。

3.2.1　平面叶栅试验件设计方法

一个典型的平面叶栅试验件叶型如图 3.3 所示,它具有的基本几何参数包括:

(1)中弧线。通过叶型的所有内切圆中心曲线,又称中线。

(2)弦长 b。中弧线与叶型型线的前后缘分别相交于 A 和 B,A 和 B 两点之间的连线称为弦线,弦长以 b 表示。

(3)最大相对厚度 $\bar{c}$ 及其相对位置 $\bar{e}$。叶型的最大厚度用 c_{max} 表示,它为叶型最大内切圆的直径,这个内切圆的圆心到前缘的距离为 e。从气体动力学的角度来说,具有决定意义的往往是无因次的相对值,故常用相对值表示它们的特征,即 $\bar{c}=c_{max}/b$,$\bar{e}=e/b$。

(4)最大挠度 f_{max} 及其相对位置。中线到弦线的最大距离称为中弧线的最大挠度,此点距前缘的距离为 a。同样,常用无量纲相对数值 $\bar{f}=f_{max}/b$ 和 $\bar{a}=a/b$ 来表示。

(5)叶型前缘角 χ_1 和后缘角 χ_2。中线在前缘点 A 和后缘点 B 处切线与弦线之间的夹角。

(6)叶型弯角 θ。由图 3.3 所示,弯角等于前缘角与后缘角之和,即 $\theta=\chi_1+\chi_2$。它表示叶型弯曲程度,θ 越大则叶型越弯曲。

(7)叶型型面。叶型型面通常用 $X-Y$ 坐标来表示。亚声速基元级坐标通常是由选定的原始叶型覆盖在确定的中线上获得。叶型的凸面称为吸力面或叶背,叶型的凹面称为压力面或叶盆。

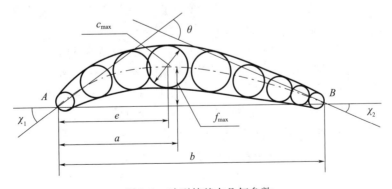

图 3.3　叶型的基本几何参数

典型的平面叶栅几何参数则如图 3.4 所示。

(1)叶型安装角 β_y:此角度表示叶型在叶栅中安装的倾斜程度。它是叶型的弦线与额线的夹角,额线就是分别连接所有叶型前缘 A 点和后缘 B 点的直线。

（2）栅距 t：两相邻叶型对应点之间沿额线方向的距离。在叶型几何参数已经确定的情况下,根据叶型安装角 β_y 和栅距 t 就可以完全确定叶栅的几何形状了。但是,在应用实践中,下面两个参数应用更直接、更方便,使用也最多。

（3）叶栅稠度 τ：稠度等于弦长与栅距的比值,它表示叶栅相对稠密的程度,也称叶栅实度。

（4）几何进口角 β_{1k} 和几何出口角 β_{2k}：它们是中弧线在前缘点 A 和后缘点 B 处的切线与叶栅额线的夹角,可以由叶型的前缘角 χ_1 和后缘角 χ_2 以及安装角 β_y 计算得到的。这个角度是确定气流在叶栅进口处和出口处方向的参考基准。几何进口角和几何出口角又称进口构造角和出口构造角。

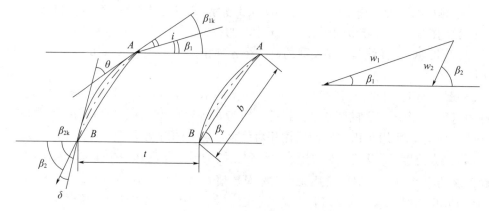

图 3.4　叶栅的主要几何参数

平面叶栅试验件的设计是满足几何相似的重要环节。一般来说叶栅试验件设计需要综合考虑叶型几何参数、设备实验段截面尺寸、实验速度范围、气流角范围、气源条件、试验件制造成本和工艺、周期性保证、实验工况调节、实验测试方案、测量探针尺寸等众多因素。

平面叶栅试验件一般由实验叶片、栅板和转接段等组成,如图 3.5 所示。为了保证平面叶栅流场的流动周期性,试验件叶片个数一般不少于 7 个,为了降低实验段侧壁附面层对流道的影响,实验叶片的展弦比应不小于 2.0。叶表压力测量位于叶片中间通道区域,其他叶片主要用于构成平面叶栅周期性流场。栅板尺寸通常依据实验段接口尺寸确定,一般采用钢板或者有机玻璃用于可视化观察。转接段包括叶栅安装座、静压接口等。实验叶栅的测压叶片应保证叶片表面测压孔分布在同一叶高截面处,其孔径通常不大于 0.5 mm,并保证测压孔轴线方向与叶型表面垂直,压力引出孔孔径通常为 0.6 ~ 1.6 mm,叶片吸力面和压力面的测量应尽量布置在同一个通道,孔间距应根据叶片稠度合理布局。栅前、栅后壁面静压孔应位于叶栅流道中间位置,布置 2 ~ 4 个栅距范围,原则上每栅距测点数不少于 10 点。栅前进口壁面静压孔截面位置可按照 0.5 ~ 1 倍弦长来确定,栅后壁面静压测量截面可按 0.5 ~ 1 倍弦长确定。为满足叶栅实验测试需求,通常还需要在栅板前后、叶栅槽道壁面上开设静压孔,静压孔设计参考第 1 章静压测量相关内容。

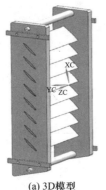

(a) 3D模型　　　　　　　(b) 实物图

图 3.5　典型压气机平面叶栅试验件

3.2.2　平面叶栅吹风实验方法

首先确认风洞设备主体包括管道、阀门、控制系统工作状态是否正常,然后完成试验件与实验设备的装配调节,保证实验段内流道光滑密封,最后进行测试准备,包括气动探针的校准、管线安装检查、位移机构调试。为降低测量探针对流场的干扰和堵塞影响,通常采用一支多孔探针在位移机构驱动下对出口流场进行扫描测量。按照测试需要开展探针的校准实验,获取探针的不同马赫数下的校准曲线。叶栅吹风实验通常需要获取不同进口气流角、不同进口马赫数条件下的叶栅气动性能。平面叶栅实验的进口气流调节主要是通过改变试验件叶片额线与进口气流夹角来实现。正如图 3.6 所示,通常情况平面叶栅试验件安装在一个可转动实验段圆盘上,实验器出口轴线保持水平,通过出口的气流在实验段驻室内保持水平方向,转动圆盘可改变试验件的进气角度。

(a) 德国宇航中心的叶栅实验段　　　　　(b) 汉诺威大学的叶栅实验段

图 3.6　压气机叶栅实验段实物图

不同的叶栅吹风实验流程如图 3.7 所示。在实验开始前,应调整好叶栅试验件进口气流角并固定。实验时,调节实验器进口调节阀控制稳压段总压数值,使叶栅进口马赫数达到目标马赫数。当流动稳定后采集实验数据,通过测量数据进行实验流场周期性评判。若周期性满足实验要求,调节位移机构移动探针测量栅后流场数据,并测得其余测点的实验数据。若周期性不满足要求则需根据设备特点进行尾板调节、试验件调整。实验过程中应保证稳压段压力波动小于 0.3%。对于超声速叶栅实验,进气马赫数调节还需要通过更换或者调节喷管型面,同时调整喷管进气压力实现。

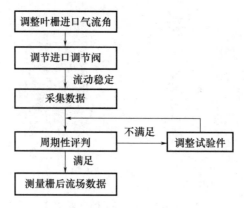

图 3.7　叶栅吹风实验流程图

3.2.3　平面叶栅周期性判定

正如前面所述,平面叶栅内部流场的周期性是获得实验数据准确可靠的前提,常采用的判断方法包括壁面静压分布的对比,相同位置计算出的马赫数差异在 3% 以内,如图 3.8 所示。另外,通过栅距之间总压恢复系数分布对比,通过油流观察流形一致性以及在超声速叶栅纹影对比波系结构都可以用来判断周期性。

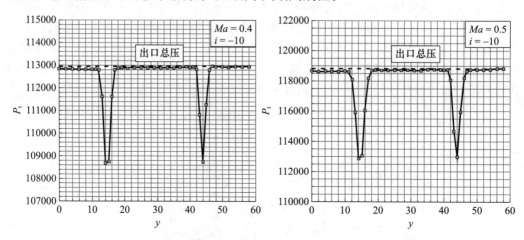

图 3.8　叶栅出口总压分布

3.3　平面叶栅实验参数计算

3.3.1　状态参数计算

1. 叶栅实验进口总压

叶栅实验进口总压根据设备稳压段内多支总压耙测量平均值计算,常用算术平均法和面积平均法。

算术平均法:

$$P_{1\text{tav}} = \sum_{i=1}^{j} P_{1\text{t}}(i)/j \tag{3-1}$$

面积平均法：

$$P_{1\text{tav}} = \sum_{i=1}^{j} P_{1\text{t}}(i)A(i) \Big/ \sum_{i=1}^{j} A(i) \tag{3-2}$$

式中：$P_{1\text{tav}}$ 为进口总压平均值（Pa）；$P_{1\text{t}}(i)$ 为各测点压力（Pa）；$A(i)$ 为对应测点环面积（m^2）；j 为测压耙总测点数。

2. 叶栅实验进口总温

叶栅实验进口总温根据设备稳压段内总温测点平均值进行计算，多采用算术平均法：

$$T_{1\text{tav}} = \sum_{i=1}^{j} T_{1\text{t}}(i)/j \tag{3-3}$$

式中：$T_{1\text{tav}}$ 为进口总温平均值（K）；$T_{1\text{t}}(i)$ 为各测点温度值（K）。

3. 叶栅进口马赫数

叶栅进口马赫数采用栅前壁面静压和进口总压进行计算：

$$Ma_{1\text{w}}(i) = \sqrt{5 \times ((P_{1\text{tav}}/P_{1\text{w}}(i))^{0.28571} - 1)} \tag{3-4}$$

叶栅进口马赫数平均值采用栅前壁面静压平均值与进口总压进行计算：

$$P_{1\text{wav}} = \sum_{i=1}^{j} P_{1\text{w}}(i)/j \tag{3-5}$$

$$Ma_{1\text{wav}} = \sqrt{5 \times ((P_{1\text{tav}}/P_{1\text{wav}}(i))^{0.28571} - 1)} \tag{3-6}$$

式中：$Ma_{1\text{w}}$ 为栅前进口马赫数；$Ma_{1\text{wav}}$ 为栅前进口平均进口马赫数；$P_{1\text{w}}(i)$ 为栅前壁面静压各测点值；$P_{1\text{wav}}$ 为栅前壁面静压平均值；j 为测点数。

4. 叶栅出口参考马赫数

叶栅出口截面参考马赫数根据出口截面壁面静压与来流总压进行计算：

$$Ma_{2\text{w}} = \sqrt{5 \times ((P_{2\text{tav}}/P_{2\text{w}}(i))^{0.28571} - 1)} \tag{3-7}$$

叶栅出口截面参考马赫数平均值采用栅后壁面静压平均值与进口总压进行计算：

$$P_{2\text{wav}} = \sum_{i=1}^{j} P_{2\text{w}}(i)/j \tag{3-8}$$

$$Ma_{2\text{wav}} = \sqrt{5 \times ((P_{1\text{tav}}/P_{2\text{wav}}(i))^{0.28571} - 1)} \tag{3-9}$$

式中：$Ma_{2\text{w}}$ 为栅前出口马赫数（壁面参考值）；$Ma_{2\text{wav}}$ 为栅前出口平均马赫数（壁面参考值）；$P_{2\text{w}}(i)$ 为栅后壁面静压各测点值；$P_{2\text{wav}}$ 为栅后壁面静压平均值；j 为测点数。

5. 叶栅实验进口雷诺数

$$Re_1 = \rho_1 b W_1/\mu_1 \tag{3-10}$$

式中：Re_1 为叶栅实验进口雷诺数；ρ_1 为叶栅进口空气密度（kg/m^3）；b 为试验件叶片弦长（m）；W_1 为叶栅进口绝对速度（m/s）；μ_1 为叶栅进口空气动力黏度（$\text{N} \cdot \text{s/m}^2$）。

6. 叶栅实验参考静压比

$$\pi_{\text{k}} = P_{2\text{wav}}/P_{1\text{wav}} \tag{3-11}$$

7. 叶栅实验攻角

$$i = \beta_{1\text{k}} - \beta_1 \tag{3-12}$$

式中：β_{1k} 为叶型进口构造角（°）；β_1 为叶栅实验进口气流角（°）（进口气流与额线夹角）。

8. 叶片表面等熵马赫数分布

$$Ma(i) = \sqrt{5 \times \left(\left(P_{1\text{tav}} / P(i) \right)^{0.28571} - 1 \right)} \qquad (3\text{-}13)$$

式中：Ma 为叶片表面等熵马赫数；$P(i)$ 为叶片表面静压测点值。

9. 叶栅进口流量

叶栅进口流量计算方法可采用在进气通道设置节流式流量计和喷管测量参数计算两种方式。

节流式流量计测量：

$$G = k \times \sqrt{\frac{\Delta P \times P_{\text{b}}}{T_{\text{b}}}} \qquad (3\text{-}14)$$

喷管式流量测量：

$$G = 0.0404 \times \frac{P_{1\text{tav}}}{\sqrt{T_{1\text{tav}}}} \times H \times W \times q(Ma) \times km \qquad (3\text{-}15)$$

式中：G 为叶栅进口空气流量（kg/m³）；k 为流量系数；ΔP 为流量计压差（Pa）；P_{b} 为气流压力；T_{b} 为气流总温；H 为喷管出口截面高度（m）；W 为喷管出口截面宽度（m）；$q(Ma)$ 为以喷管出口截面平均马赫数为参考值计算的流量函数；km 为喷管出口截面附面层修正系数。

3.3.2 栅后测量参数计算

在平面叶栅实验测量中由于流场的二维性，主要采用三孔探针测量出口流场，以获得气流速度和相对额线方向的偏角。根据栅后三孔探针测量参数结合探针校准数据，计算叶栅出口测量截面流场参数，包括：气流总压 $P_{2t}(i)$、静压 $P_2(i)$、马赫数 $Ma_2(i)$、气流方向 $\beta_2(i)$ 等。根据探针位移机构步进方式的不同，叶栅出口流场平均参数可采用算术平均、面积加权平均和质量平均算法，在叶栅实验上、下游参数平均计算平面如图 3.9 所示。

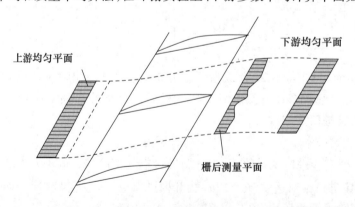

图 3.9　叶栅实验上、下游参数平均计算平面

（1）出口各测点气流角计算：

$$\beta_2(i) = \beta_{2s} + \alpha_1(i) \qquad (3\text{-}16)$$

（2）出口气流角平均值计算：

$$\beta_2 = \frac{1}{t} \int_0^t \beta_2(i) \, \mathrm{d}t \tag{3-17}$$

（3）出口马赫数平均值计算：

$$Ma_2 = \frac{1}{t} \int_0^t Ma_2(i) \, \mathrm{d}t \tag{3-18}$$

（4）出口总压平均值计算：

$$P_{2t} = \frac{1}{t} \int_0^t P_{2t}(i) \, \mathrm{d}t \tag{3-19}$$

（5）出口静压平均值计算：

$$P_2 = \frac{1}{t} \int_0^t P_2(i) \, \mathrm{d}t \tag{3-20}$$

式中：β_{2s} 为探针安装角；$\alpha_1(i)$ 为各测点气流相对探针头部轴线的偏离角；β_2 为叶栅出口气流角；Ma_2 为叶栅出口平均马赫数；P_{2t} 为叶栅出口截面测量总压；P_2 为叶栅出口截面测量静压；t 为栅距（m）；$\mathrm{d}t$ 为栅后探针测量气流移动的间距。

（6）出口雷诺数计算

$$Re_2 = \rho_2 b W_2 / \mu_2 \tag{3-21}$$

式中：Re_2 为叶栅出口雷诺数；ρ_2 为叶栅出口空气密度；b 为试验件叶片弦长；W_2 为叶栅出口绝对速度；μ_2 为叶栅出口动力黏度。

（7）气流落后角

$$\delta = \beta_{2k} - \beta_2 \tag{3-22}$$

式中：β_{2k} 为叶型出口几何角；β_2 为叶栅实验出口气流角（出口气流与额线夹角）（见图 3.4）。

3.3.3　平面叶栅性能参数计算

（1）静压增压比

$$\pi_k = \frac{P_2}{P_{1wav}} \tag{3-23}$$

（2）叶栅损失系数

$$\omega = \frac{P_{1tav} - P_{2t}}{P_{1tav} - P_{1wav}} \tag{3-24}$$

（3）气流转折角

$$\Delta\beta = \beta_2 - \beta_1 \tag{3-25}$$

（4）扩散因子

$$D = 1 - \frac{W_2}{W_1} + \frac{t}{2 \times b}\left(\cos\beta_1 - \frac{W_2}{W_1}\cos\beta_2 \right) \tag{3-26}$$

（5）总压恢复系数

$$\sigma = \frac{P_{2t}}{P_{1tav}} \tag{3-27}$$

（6）轴向速度密度比

$$\Omega = \frac{\rho_2 W_2 \sin\beta_2}{\rho_1 W_1 \sin\beta_1} \tag{3-28}$$

3.4　平面叶栅表面压力分布测量与分析

叶型表面静压分布是平面叶栅气动特性的重要分析数据。可以通过叶片表面静压和叶栅进口平均总压计算等熵马赫数,作出叶片表面等熵速度分布随叶片弦长的变化曲线,用以表明气流在叶片表面的绕流加速和通道减速情况。叶片吸力面和压力面等熵马赫数曲线所包络的面积也反映了叶片对气流做功的能力。沿叶栅表面静压分布显著影响着叶栅表面上附面层的流态,附面层分离点位置以及附面层转捩位置。

一般情况下,气流以较高的速度进入叶片槽道后经叶片前缘分为两部分,一部分气流经吸力面型面绕流加速,然后在扩张通道内减速至出口,在这个过程中,气流方向发生改变,速度降低,静压提升;另一部分经压力面逐步减速扩压至出口。通过叶片表面马赫数分布可以判断叶片扩压负荷在叶片弦长方向的分布情况,气流在叶片表面区域是否存在气流分离以及分离再附情况等。叶片吸力面和压力面表面马赫数分布形态还可以表征试验真实气流攻角情况。对于超/跨声速流场,通过叶片表面马赫数分布还可以判断超声速区、激波位置等信息。图 3.10 给出了典型平面叶栅的叶片表面静压分布和等熵马赫数分布。

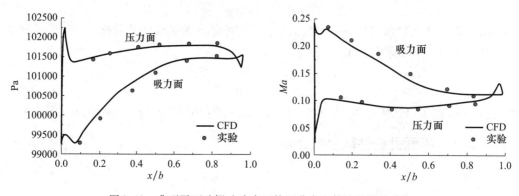

图 3.10　典型平面叶栅叶片表面静压分布和等熵马赫数分布

3.4.1　平面叶栅表面压力稳态测量

对于通道内气体,可以认为在横断面上各点静压基本相等,所以通常采用在气流通道壁面上开孔的方法来测量静压。这种方法也可以用在叶栅表面上,简单方便,气流干扰小,具有较高的精度。叶片表面静压孔结构如图 3.11 所示。图中 1 为静压孔,2 为静压引出接管。静压孔的开设原则已在 1.3 节关于壁面静压孔的部分给出。

实验时可以在叶栅沿着叶高方向的某个截面上开设多个直径为 1mm 左右的静压孔,静压孔的数目、间距根据叶型的几何尺寸和气动特性确定,每个静压孔的轴线都应与开孔处的叶片表面型线相垂直,如 3.2 节所述。平面叶栅的静压测量引出结构如图 3.12 所示。稳态静压测量系统相比较总压测量系统最大的不同是不需要依赖探针,只需要通过静压孔就可快速测量当地静压。通过叶栅叶片的吸力面和压力面上的静压孔引出压力传递给差压变送器,变送器将数据传递给数据采集卡,数据采集卡又通过 PCI 接口将电压值传递给工控机,然后根据工控机端的静压测量软件模块将电压值转换成对应压力值得到当地静压,然后结合卡尔曼滤波等算法得到压力的最优估计值,某典型静压测量系统包含的主要设备和仪器如表3-1 所列。

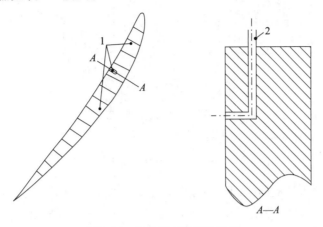

图 3.11　叶片表面静压孔结构

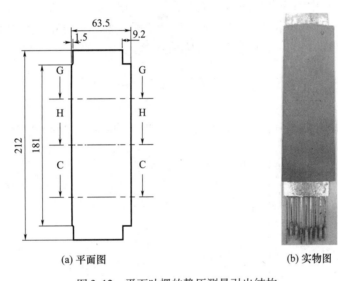

(a) 平面图　　　　　　　　　(b) 实物图

图 3.12　平面叶栅的静压测量引出结构

表 3-1　静压测量系统包含的设备与仪器

设备名称	型号	数量
主工控机	研华 610L	1
64 路 16 位高精度数据采集卡	研华 PCI1747U	1
差压变送器(–10 ~ +10kPa,0.1% FS)	HTP-102	8

除此之外,在静压测量过程中,除了测量平面叶栅叶片表面的静压分布外,还需要沿栅距方向测量进口壁面的静压分布以检验风洞进口气流均匀性,从而分析流场品质,通常使用压力扫描阀。图 3.13 所示的 PSI-9116 型 16 通道压力扫描阀,是一体式高性能的气体压力扫描阀,用于采集多通道干燥气流,内部集成气路校准阀和多个硅压阻传感器,每个压力传感器都有记录校准数据的独立记忆芯片,扫描精度达 0.05%,通过多点校准功能、量程校准功能来保证高精度。通过配套的 PSI 9000 软件,采集速度达到 500 次/(秒·

通道),采集实时压力数据并显示。

图 3.13　PSI－9116 型 16 通道压力扫描阀

　　进口气流的静压是根据中间通道栅前端壁处单独的两个引压管测量的平均值选取。正常实验过程中,平面叶栅进口段壁面每侧有 16 个孔,在完成平面叶栅进口气流均匀性检测之后,中间几个孔的静压值很接近,表明在平面叶栅中间几个叶片的位置气流均匀性较好,因此可以采集中间两个孔的静压值作为平面叶栅进口静压值。图 3.14 所示为某涡轮叶片表面的静压分布测试结果,图中 ss 为叶片的吸力面,ps 为叶片压力面,横坐标 b 为叶片的弦长,纵坐标 $\bar{p}$ 为叶片表面的无量纲静压系数,其定义为

$$\bar{p} = \frac{p_i - p_1}{\dfrac{\rho_1 c_1^2}{2}} \tag{3-29}$$

式中:p_i 为测点静压;p_1 为叶栅出口静压;ρ_1 为叶栅出口密度;c_1 为叶栅出口速度。

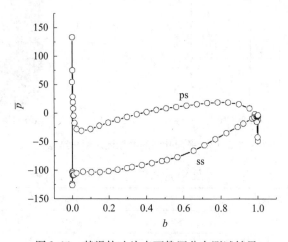

图 3.14　某涡轮叶片表面静压分布测试结果

　　将测量离散点的静压系数 $\bar{p}$ 进行拟合,得到叶片表面(吸力面 ss 和压力面 ps)的静压分布曲线,从图中可以分析出叶片载荷沿弦长的分布趋势、叶片压力面和吸力面上的逆压梯度范围、最大载荷位置等与叶片强度和叶栅气动性能有关的重要信息,为数值计算、理论分析提供可靠的依据。

3.4.2　平面叶栅表面压力动态测量

　　近年来随着传感器技术和计算机技术快速发展,使得平面叶栅表面的动态压力测量

更加可行,动态测试对于认识叶片真实载荷非定常变化具有重要意义。但由于动态测试投资大、成本高、测试难度和工作量都比较大,为了使读者对动态测试有一个初步的了解,这里通过一个平面叶栅表面压力的动态测试案例来说明。

图 3.15(a) 所示为测量平面叶栅表面动态压力实验原理图,图 3.15(b) 为 Kulite 公司生产的微型动态压力传感器实物图,这种圆形微型动态压力传感器的头部直径可以做到 $1 \sim 2mm$。形状除了圆形外,也有薄片形式,最薄的厚度只有 0.5mm 左右,很方便粘附在被测叶片表面。这种传感器的动态响应频率高,能够满足流场动态压力脉动信号的采集。

在叶栅上需要测试的位置开设直径为 $1 \sim 2mm$ 的静压孔将微型动态压力传感器 (图 3.15(b)) 安装固定在测试位置,直接测量壁面静压的波动,如图 3.15(a) 中的 $A—A$ 剖视。将传感器压力端引出,连接至具有稳压作用的气瓶或者其他装置稳压源,设气瓶内的压力为 p_b(绝对压力),测量点的压力为 p,则传感器输出的压力为 $p-p_b$,压力信号经过传感器转化为电信号,电信号通过导线输出至高频数据采集系统,得到流场的非定常压力随时间的变化值。

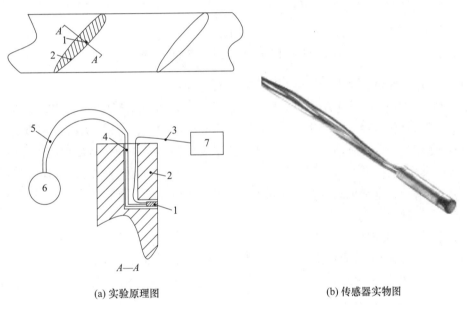

(a) 实验原理图　　　　　　　　　　　　(b) 传感器实物图

图 3.15　平面叶栅表面动态压力测量原理图

1—动态压力传感器;2—平面叶栅;3—压力传感器电信号传出导线;
4—压力传感器参考端压力接入管;5—软管;6—稳压气瓶;7—高频率数据采集系统。

尤其需要注意的是动态测量与稳态测量之间的不同。在稳态测量方案中,静压孔的压力是通过叶片内部的通道和软管引出到压力采集系统,将压力信号转化为电信号输出。如果在某一时刻,当静压孔处的压力出现随时间变化的脉动时,由于通道和软管的空腔效应,压力采集系统感受到的压力脉动时滞后。这种空腔效应导致的“滞后”受脉动幅值、管路长度、管路材料、气体的压力和温度等多种因素的影响,目前没有办法准确计算这种滞后效应的频域和时域影响。因此,稳态测量方案中得到的静压分布是流场的平均压力,不具有时域特性,而动态压力测量方案是直接将测量点的静压值转化为电信号输出的,如果压力传感器的响应频率足够高则具有良好的时域特性,能够进行动态压力采集。

图 3.16 所示某叶片表面动态压力测量得到时域信号和频谱图。

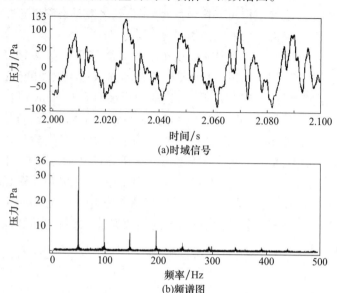

(a)时域信号

(b)频谱图

图 3.16　叶片表面动态压力测量数据图

在对叶栅表面进行动态压力测量时有以下注意事项：

（1）传感器量程和测量方式的选择。受试验件气动性能的影响，非定常压力脉动幅度较大，例如，在相对稳定工况下，由于流场参数分布不均匀，一般压力脉动幅度为 10 ~ 100Pa；当存在流动分离时，叶片表面压力脉动幅度可能达到 1000 ~ 5000Pa，在某些情况下，压力波动可能会更大。这就需要对传感器量程和测量方式进行合理地选择，以确保可以在不失真的情况下采集到流场中非定常压力的脉动值，以下面的例子具体说明测量方式和量程的选择问题。

例：平面叶栅的进口为标准大气压 $p_0 = 101325$Pa，温度为 $T_0 = 288$K，进口流速为 $c = 60$m/s。在小流量下叶栅表面上某一点出现非定常分离，预估叶片表面静压的非定常脉动最大幅值为 ±1000Pa，求应采用的传感器类型和量程是多少？稳压瓶内的背压 p_b 应设为多少？

在不考虑流动的压力损失情况下，进口导叶内的静压为 $p = p_0 - 0.5\rho v^2 = 99075$Pa。当实测压力幅值为 ±1000Pa 时，压力变化范围在 98075 ~ 100075Pa 之间。若选用绝压式传感器，量程应该在 0 ~ 100075Pa 之间，若传感器的精度为 0.1%，则最大测量误差为 100Pa，而实际压力变化幅值仅为 ±1000Pa，测量精度有限，实验失败的风险极高。因此采用压差式传感器，考虑到安全因素和不确定性，传感器的量程要扩大到 1.5 倍，即传感器的量程为 ±1500Pa 左右，并通过稳压装置（如稳压气瓶）将传感器参考端的压力设定为 99075Pa。如果传感器的精度同样为 0.1%，则测量段的最大误差为 3Pa，测量的精度是压力脉动值的 0.3%，可以捕捉到非定常流动的压力波动信息。

在实际测试过程中，由于压力脉动的幅度是不确定的，为了满足测试精度，需要进行两次或多次实验。第一次实验采用大量程压力传感器，粗略测量压力波动的幅值；根据第一次测得的压力脉动幅度，合理的选择第二次实验的压力传感器进行实验，以保证数据的可靠性和准确性。在某些情况下,甚至需要进行多次实验。

(2)数据采集系统和采样频率。仍以上述问题为例,预估非定常分离造成的叶片表面静压的脉动频率为 50Hz,即压力脉动周期为 0.02s。为准确分析和测量非定常脉动的特性,一个周期至少需要 10 个测量点,测试记录的时间间隔为 0.002s,这就要求数据采集系统的最低采样频率为 500Hz。采样频率过低会导致无法对所得数据进行处理和分析,过高的采样频率会导致数据处理量庞大。合理的数据采样频率应为实测压力脉动频率的 20～30 倍,因此在上述问题中,如果流场的非定常压力脉动频率为 50Hz,则数据采集系统的合理采样频率应为 1000～1500Hz。

(3)压力传感器的自振问题及动态数据处理。由于非定常压力的脉动很容易受到局部流场干扰,因此在选择传感器时要注意使传感器的固有频率避开流场压力脉动频率,以免引起共振,造成传感器的流场信号失真。在安装传感器时,尽量确保安装传感器后的测试流场与原流场一致。

非定常测试的数据量非常庞大,受测试系统的传感器响应时间、信号传输过程的外界干扰、数据采集系统的精度等诸多因素的影响,处理实验数据时,不仅要剔除"坏值"数据,还要在频域分析时进行适当的滤波处理和频域补偿。

3.5　平面叶栅流动损失特性测量

气流经过平面叶栅时,相邻叶片会影响经过叶栅的气流,使得流过叶栅的气流速度大小和方向发生变化,这就是叶栅干涉效应。下面将详细论述气流流过二维平面叶栅时的流动情况。

在平面叶栅的前后分别取 1—1 和 2—2 截面,如图 3.17 所示,在 1—1 截面处,气流以相对速度 w_1 流向平面叶栅,w_1 与叶栅前缘额线之间的夹角为进口气流角。在叶栅出口截面 2—2,气流以相对速度 w_2 流出,它与叶栅后缘额线之间的夹角 β_2 为出口气流角。

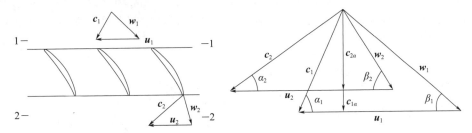

图 3.17　气流流过平面叶栅时的速度三角形(动叶叶栅)

对气流运动坐标写出能量方程:

$$\frac{w_1^2 - w_2^2}{2} = \int_1^2 \frac{\mathrm{d}p}{\rho} + L_f \tag{3-30}$$

可知:气流相对动能的减少等于压力功与气流损失之和。

对气流静坐标写出能量方程:

$$L_u = \frac{c_2^2 - c_1^2}{2} + \int_1^2 \frac{\mathrm{d}p}{\rho} + L_f \tag{3-31}$$

从上述方程可以看出,通过叶片对气体做轮缘功(涡轮叶栅的轮缘功为负)就是叶栅的本质,使气体总压提高,同时在叶栅通道中使气体速度、压力发生改变。由速度三角形可知,通过叶栅后的速度方向转角 $\Delta\beta$ 与气流压力变化紧密相关,$\Delta\beta$ 越大所做的轮缘功就越多,经过叶栅的压力变化也越大。但另一方面,$\Delta\beta$ 过大时容易在叶表产生流动分离,造成叶栅损失变大。

因为任何气体都存在黏性,所以叶片表面会存在附面层。在叶盆表面的逆压梯度不大(图3.18),所以附面层也不太厚,由此带来的损失也不严重。但在叶背表面,气流速度从叶背上的最大速度降为出口速度,其下降的程度比叶盆要大得多,因而逆压梯度比较大,由此会带来严重的损失。而且还可能会产生激波。气流在通过激波后静压会突升使得附面层进一步增厚甚至分离,这就是附面层与激波的干扰,它会造成更加严重的流动损失。

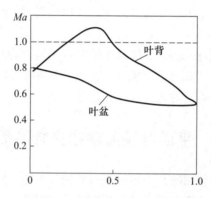

图3.18　叶型表面的马赫数分布

当气流分别由叶盆和叶背流到叶型尾缘处时,两边附面层就会汇合成为叶片的尾迹,如图3.19(a)所示。由于叶盆的附面层薄,而叶背附面层厚,所以尾迹不是对称的。在尾迹区中总压比主流区要低得多,这也是损失的主要部分。由于尾迹区与主流区的流速和总压都不相同,在叶栅下游就会产生掺混,随着流动向下游发展,尾迹会逐渐变宽,主流区与尾迹区的不均匀程度会逐渐减小[1]。在主流与尾迹的掺混过程中伴随有流动损失,这部分损失称为尾迹掺混损失。

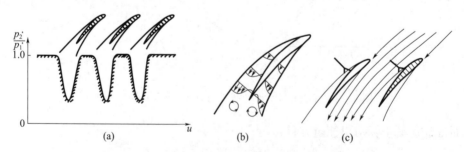

图3.19　平面叶栅中的叶型损失

(a)叶型后缘处尾迹以及总压损失分布;(b)叶型上下壁表面附面层的分离;(c)波阻损失。

3.5.1　平面叶栅攻角特性

平面叶栅吹风实验中,叶栅损失系数表征叶栅进口动能与压力能的转换情况,可按绘制损失系数和气流转折角随攻角的变化曲线来表示。不同马赫数条件下叶栅损失系数和气流转折角随攻角的变化曲线族构成叶栅损失系数的攻角特性曲线,即

$$\Delta \beta = f_1(i, Ma_1), \omega = f_2(i, Ma_1)$$

在实验中,需要在改变叶栅进气速度和攻角的情况下,测量叶栅前后气流静压、总压、气流方向偏角、总温等,用以研究 $\Delta \beta$ 和 ω 随叶栅攻角的变化规律。

图 3.20 所示为某平面叶栅的攻角特性。可以看出,随着攻角从负值逐渐增大,气流转折角随攻角成正比例增大,而损失系数的变化则不大。这是因为在攻角还不太大的情况下,气流还没有从叶片表面上分离,气流的落后角基本不变,则对于给定的叶栅,气流转折角与攻角成线性变化;在无分离的流动中,气流损失基本上由附面层内的摩擦引起,所以损失系数也基本上不变。当攻角增大到某一数值时,叶片表面的气流开始出现分离,落后角逐渐增大,随着攻角的增加,气流转折角的增大趋势变缓,损失系数逐渐增加(由于分离损失的出现)。当攻角增大到临界攻角时,气流转折角达到最大值。继续增加攻角,气流发生严重分离,气流转折角很快下降,而损失系数急剧上升。应当指出,当负攻角很大时,也会导致损失系数显著增加,在叶盆处会出现较大的分离区。图 3.21 给出了不同攻角下气流分离情况的示意图。

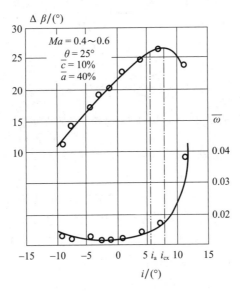

图 3.20　平面叶栅攻角特性

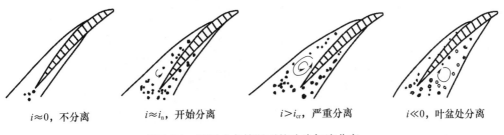

图 3.21　不同攻角情况下的叶片气流分离

图 3.22 所示为平面叶栅不同进口马赫数情况下的攻角特性。当进口马赫数 Ma_1 大

于 0.6~0.7 时,马赫数对攻角特性有了明显影响。所以,对于每一套叶栅而言,应当有多条不同马赫数下的攻角特性形成如图 3.22 所示的曲线簇。由图 3.22 可以看出,随着进口马赫数 Ma_1 的增加,低损失系数的攻角范围变得很窄,而且损失系数的最小值也增加了,因而叶栅效率也明显下降。上述现象产生的原因是叶栅通道中有了局部的超声区。这时会出现激波,激波与附面层的干扰会加重气流分离,这是导致损失系数上升的主要原因。工程上定义损失急剧增大时所对应的进口马赫数为临界马赫数,用 Ma_{cr} 表示。在平面叶栅实验中,可以确定某一叶栅在某攻角时的临界马赫数的值作为设计准则,在设计时应保证叶栅的进口马赫数小于临界马赫数。叶型的临界马赫数提高可以通过采用最大挠度和最大厚度位置后移的薄叶型实现。

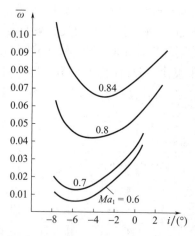

图 3.22　不同进口马赫数情况下的攻角特性

平面叶栅实验中,为了得到平面叶栅的总压损失等参数,在叶栅段进出口安装气动探针进行测量,如图 3.23 所示的锥形气动五孔探针,在直径为 2 mm 的探头上布置有 5 个孔,尾部探杆直径为 6 mm,从中引出 5 根毛细钢管,用于连接外部软管。这种探针拆装方便、适宜放在有限空间内,缺点是有效校准范围角度较小,需要在使用过程中转动合适的角度,使气流处于探针校准角度范围内。在实验中,五孔探针安装在位移机构上(图 3.24),其安装角可以通过转动位移机构进行调节,相对于平面叶栅来说位置不变,保证进出口气流角度相对于五孔探针的偏差在校准范围之内。

此外,压力探针由于受外界偶然因素的影响,其显示的压力值往往包含随机的高斯白噪声,通常需要经过滤波(如卡尔曼滤波)使这些数据变得更加平滑和准确。

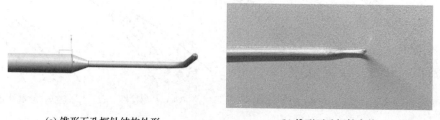

(a) 锥形五孔探针结构外形　　　　　　　　(b) 锥形五孔探针实物

图 3.23　气动五孔探针示意图

 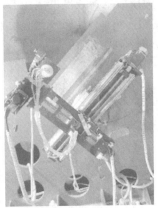

(a) 进口探针   (b) 出口探针

图 3.24 进出口五孔探针位移机构安装

3.5.2 平面叶栅尾迹损失

平面叶栅的尾迹损失对平面叶栅的性能和工作稳定性等方面也有着重要影响。由于气流流经叶栅后的流场并不均匀,在叶片后气流会有速度亏损,因此在叶栅后不同的空间位置上,气流的方向、速度、能量损失都将不同。所以,为了获得叶栅后流场的分布情况,需要使用探针沿叶栅后额线方向扫描测量,在不同的位置上测量气流的角度、压力等参数。但在实验中的问题是,叶栅后的气流方向发生改变,无法简单地测量栅后总压 P_{2t},必须使用如三孔探针先测定栅后的气流方向,然后才能得到气流总压 P_{2t}。如图 3.25 所示,采用对向测量时,当探针方向与气流方向不一致时,探针 2、3 号测压孔所测得压力将不相等,此时以探针头部为中心调节栅后探针角度,直到 2、3 号测压孔的压力相等时,探针 1 号孔就处于正对气流方向位置,所测得的压力就是叶栅后的总压 P_{2t},同时,探针的角度与水平方向的夹角就是气流经过叶栅后偏转的角度 $\Delta\beta$,这样叶栅后流场的数据就都可以得到了。详细的三孔探针测量方法可参考第 1 章内容。

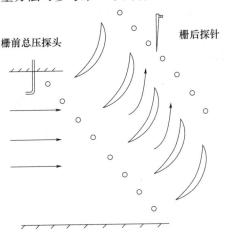

图 3.25 栅后速度总压测量原理图

图 3.26 所示为栅后气流速度的大小和角度分布示意图,我们还可以通过多个栅后不同距离处的气流速度分布图,比较气流速度在栅后的变化规律。图 3.27 是实验中所测得的不同来流马赫数时某亚声速压气机叶栅后气流角度分布图。

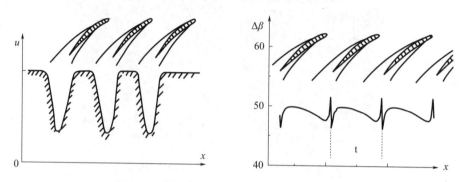

图 3.26 栅后气流速度大小与角度分布示意图

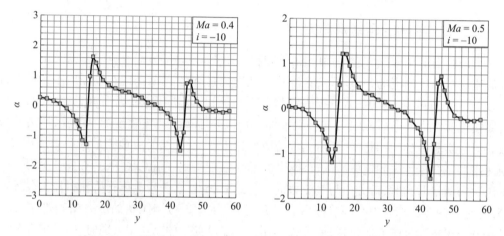

图 3.27 不同来流马赫数时某亚声速压气机叶栅后气流角度分布图

3.6 叶栅流场可视化技术

流动可视化技术在流体机械设备的开发以及深入研究流体机械中的流动机理中发挥了不可替代的作用。目前常用的可视化方法主要有:烟流法,油流法,激光多普勒测速(LDA)法,粒子图像测速(PIV)法等,下面介绍几种在叶栅实验中常见的可视化方法应用。

3.6.1 烟流法

烟雾流动显示技术是一种常用的直接注入式流动定性显示技术,在实验的过程中由于烟雾法操作相对简单、成本低、可视化程度高,因此在众多的流体力学实验中使用非常广泛。烟流法即是在洁净的空气中引入烟,此时烟在空气中的流动状态由肉眼便可观察到。在定常流动中,流线与迹线重合,因此气流中烟流的迹线就代表了气流的流线。研究流体力学不仅要研究流体与物体的相互作用,而且要研究其流动过程的特性。获得流动图谱有助于正确了解绕流过程中的物理现象,据此建立流体力学研究中合理的模型,或者根据需要对某绕流物体形状进行优化。

　　进行烟流可视化的设备主要是烟风洞,为一个试验段为矩形截面的二元闭口直线式风洞,原理如图 3.28 所示。由于抽风机抽风作用,空气经过铜丝网进入收缩段与稳定段。然后从二元喷管处进入试验段。在喷口处安装梳状管,烟从小管中流入风洞随气流一起流过试验段及模型形成流线谱再从打孔的隔板进入接收槽,在槽壁上装有抽风的离心风机将烟气抽排出。烟风洞的发烟器是一密封容器,在底上装有电加热器,顶上有注油器,不断供油给发烟器,电炉加热使油进行不完全的燃烧,产生大量的浓烟。在风洞排气管中引一个分支到发烟器部分,排出的气由分叉管进入发烟器,使其中压强升高,烟就靠此压强进入梳状管喷出。由此可见输送到梳状管的烟是根据烟风洞中流速而自动调节的。烟从梳状管流出后就变成互相有一定距离的一条条细的流线,这些细的流线在流过试验段全部过程中相互间始终保持着一定距离,绕流模型就形成流线谱。由于烟线和气流容易混合,所以要达到稳定烟线效果,风速不能太大。用灯光照亮被测流场中需要观察的区域,最好是片光源,其余部分应尽量保持黑暗,以免影响观测效果,利用摄像机拍摄被观测流场用于分析。

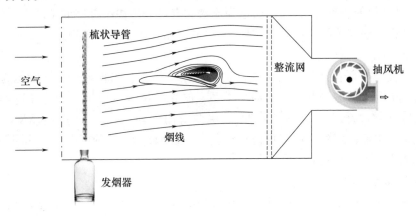

图 3.28　烟风洞示意图

　　图 3.29 所示为利用烟流线法显示的涡轮平面叶栅在 25°攻角下距端壁 2% 叶高的非定常流场。可以较清楚地观测到,前缘马蹄涡存在多种涡结构,马蹄涡在压力面和吸力面的两个分支在叶栅通道端区发生相互干扰,压力面分支的涡可以作用在端区吸力面的后部,发生涡与附面层干扰,叶栅通道内的端区流动呈现复杂的非定常性。本实验正是利用烟流线法流场可视化了涡轮叶栅内的复杂流动现象。

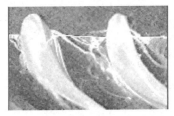

图 3.29　利用烟流线法显示的某涡轮平面叶栅 25°攻角下距端壁 2% 叶高的非定常流场

3.6.2 油流法

表面油流显示技术是流动定性显示方法之一,它主要反映物面附近的流动,具有简便直观的特点。目前,由于在油流显示基本原理和流谱分析方面理论发展比较成熟,在许多复杂流动研究中油流显示技术都得到广泛应用。在油流显示实验中,通常是将带有示踪粒子的油剂薄层涂在实验模型表面,吹风时油膜在气流的边界层内做缓慢的黏性运动。它的下边界为物面,应满足无滑移条件,上边界就是与气流的交界面。在该面上油、气的速度应相等,且油、气的剪切应力也应相等。

传统的油流显示方法往往采用不易挥发的油剂(如硅油、煤油)做为示踪粒子的载体,在吹风过程中或吹风结束后利用照相的方法取得实验模型上的油流图画。在某些特定的试验环境和条件下使用传统油流方法会遇到一些问题,比如照相空间限制、拍摄油流画面失真、超声速关车拍摄造成差异等。为了满足不同的试验条件和要求,相应地出现了不同的特殊油流显示方法。

1. 煤油、烟黑和胶纸粘贴油流显示技术

煤油、烟黑和胶纸粘贴油流显示技术通过直接粘揭油迹线的方式取得全尺寸的油流谱图画,而且所得的图形分辨率较高,这为流谱的定量分析提供良好的条件。它的基本原理和流谱分析方法与传统方法没有差异,但在选材和记录方式等方面差别较大,因而在效果上不完全相同[2]。

油剂浓度应控制在油剂较易流动且稍长一段时间不会出现粒子沉淀状态为佳,而且要根据模型试验条件适当调整。油剂在模型上的涂刷位置应根据流动特点适当选择,如分离线上游,再附线和二次流区域附近,涂层要薄而均匀,一般以不露出模型本色为准。在分离线和二次流区域附近还应更薄,以便易于运动显示。涂刷位置的间隔距离最好在150mm 以内,避免出现油迹流不到的区域。

2. 荧光油流显示技术

荧光油流显示技术是在油膜载体中加入一定浓度的荧光剂作为示踪剂。选用的荧光剂在相应激发光照射下能发出荧光信号。荧光油流系统主要由激发光源、油膜载体、荧光剂和光电探测以及图像处理软件组成(图 3.30)。激发光源是荧光油流系统中的重要组成部分,应进行油膜载体及荧光剂的不同配比和颜色选择[3]。有无激发光源时荧光油膜照片如图 3.31 所示。

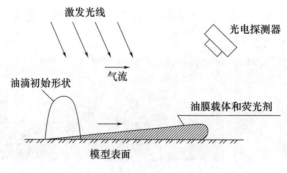

图 3.30　荧光油流光路示意图[4]

(a) 无激发光照射

(b) 有激发光照射

图 3.31　有无激发光源时荧光油膜照片[4]

图 3.32 所示为叶栅油流法示意图。图 3.32(a) 所示为叶栅油流实验段;图 3.32(b) 所示为吸力面流动显示,其中 CSV 代表脱落涡;图 3.32(c) 所示为端壁流动显示,可以清晰看到端区马蹄涡和通道涡的发展。

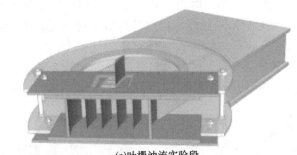
(a)叶栅油流实验段

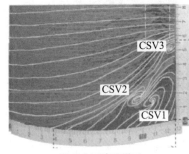
(b)吸力面流动显示

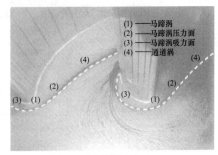
(c)端壁流动显示

图 3.32　叶栅油流法示意图

3.6.3　压力敏感涂料压力显示

光学压力敏感测压技术(pressure sensitive paint,PSP)是一种光学测压技术,可获得测量对象表面的静压分布。其测量过程主要利用压力敏感涂料的光致发光和氧猝灭两个过程,具体技术细节将在第 6 章给予介绍,本章主要引出在平面叶栅可视化中的应用。压敏测量系统主要包括压力敏感涂料、激发光源系统、图像采集系统及图像后处理软件[5]。激发光源(图 3.33)是实现压敏涂料光致发光的关键要素。需要根据涂料特性选择具有一定波长及能量的激发光源。图像采集系统(图 3.34)的主要功能就是在实验时采集试验件表面受激发的荧光图像。

图 3.33　激发光源　　　　　　　　图 3.34　图像采集系统

进行叶栅实验时,对在不同马赫数下分别采集多张图像进行平均以减少系统误差,采集完图像后停止吹风,再依次采集参考图像,然后关闭光源,采集黑背景暗电流图像。图像后处理软件的主要功能是将相机采集的荧光数字图像信息转变为压力图谱。图 3.35 所示为在不同马赫数下,采用 PSP 测量技术得到叶片吸力面上无量纲静压分布。由图可见,3 个马赫数下得到的压力分布图的像素点分布均匀且光滑,基本无噪声暗点,图像质量较好;前缘前有一条单独的条形,这是由风洞壁面窗口反射涂料受激所产生荧光引起的;在叶片根部有一条脱体条状块,是下个叶片的插槽反射涂料所发荧光引起的。

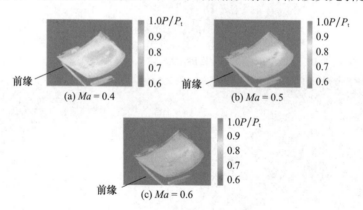

图 3.35　不同马赫数下采用 PSP 测量技术得到的叶片吸力面静压分布

3.6.4　粒子图像测速技术

粒子图像测速(Particle Image Velocimetry,PIV)技术属于非接触式光学测量系统,它不是直接测量得到流场的速度,而是随流体一起运动的示踪粒子速度,实现流动可视化和速度定量测量。示踪粒子的选择、光源和相机的空间以及频率设置、后处理数据技术对于准确测量流动结果至关重要,PIV 的详细技术细节在第 6 章将给予介绍,本章主要给出在平面叶栅流动可视化研究中的应用。

通过在叶栅实验中应用 PIV 技术,可以获得在不同工况下叶栅吸力面的流场。图 3.36 为亚声速平面叶栅 PIV 实验原理图[6]。在该实验中,风洞能产生约 70m/s 的气流出口速度,所用的平面叶栅由 11 个叶片组成。实验中粒子为通过高压雾化的有机溶剂。实验结果展示了两个攻角(AOA = 0°,10°)条件下在一定叶高范围(z/h = 41% ~ 98%)内的尾缘吸力面流场。叶高 $z/h = 1$ 以及 $z/h = 0$ 为叶栅端面,由厚度为 15mm 的透明有机玻璃构成。图 3.37 所示为不同攻角下的三维流场结果[6],该结果是由 3 个高度不同的实验结果拼接而成,且每个实验工况的结果都由 200~250 对瞬态速度场平均后得出。

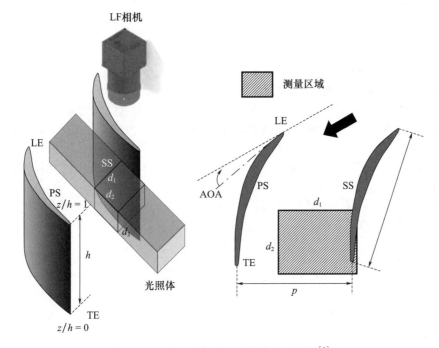

图 3.36 平面叶栅 PIV 测量实验原理图[6]

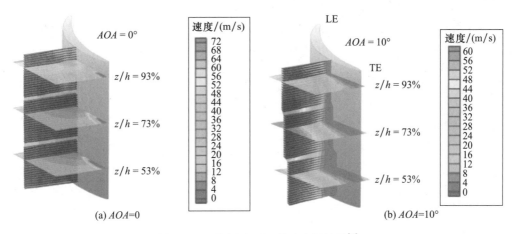

图 3.37 不同攻角下三维速度场结果[6]

从该平面叶栅 PIV 可视化结果图 3.37 可以看出,对 AOA = 0°,由于攻角较小,未观测到提前分离现象,整体近吸力面壁面速度随着距离该面的距离增加而减少,直到达到主流速度。该速度场前端紧贴吸力面尾缘部分,该处分离现象明显,存在速度小于 10m/s 的低速区。对 AOA = 10°,分离现象明显,近壁面速度大小随着距离壁面的增加而增加。从50% 叶高开始,随着进一步靠近端面,整体速度大小经历了一个先增后减的变化,证明了端面分离涡和尾缘分离涡在两者的边界层外的交互作用,而当进一步靠近端面时,流场由端面边界层主导,故体现出了速度大小的下降。该实验结果展示了 PIV 对复杂流场的解析能力。

参考文献

[1]侯乐毅.轴流压气机叶顶间隙流动研究[D].西安:西北工业大学,2004.

[2]邓学鍌,刘志忠.煤油、烟黑和胶纸粘贴油流显示技术[J].航空学报,1987(10):525-529.

[3]王永明,顾杨,向宏辉.航空发动机风扇/压气机试验技术[M].北京:科学出版社,2022.

[4]陈磊,朱涛,徐筠,等.荧光油流显示技术在高超声速风洞中的应用[J].空气动力学学报,2017,35(06):817-822.

[5]高丽敏,高杰,王欢,等.PSP 技术在叶栅叶片表面压力测量中的应用[J].工程热物理学报,2011,32(03):411-414.

[6]许晟明,丁俊飞,梅迪,等.光场三维粒子图像测速技术在复杂流场解析中的应用[C].中国力学大会论文集.2019:3739-3746.

第4章 轴流压气机气动性能实验

4.1 单级轴流压气机性能曲线实验及测量方法

4.1.1 轴流压气机特性曲线定义与意义

压气机的工作状况由压气机进口总压 p_1^*，进口总温 T_1^*，空气流量 m_a 及转速决定，这 4 个参数称为压气机的工作参数，而表征压气机性能的参数是增压比 π_K^* 和效率 η_K。压气机的特性就是压气机的性能参数增压比 π_K^* 和效率 η_K^* 与工作参数 m_a、n，p_1^* 和 T_1^* 之间的关系，用数学式表示如下：

$$\left.\begin{array}{l} \pi_K^* = f_1(m_a, n, p_1^*, T_1^*) \\ \eta_K^* = f_2(m_a, n, p_1^*, T_1^*) \end{array}\right\} \tag{4-1}$$

用计算的方法来得到压气机的特性线有很大困难，这是因为压气机在非设计状态下的流动规律非常复杂，而且压气机中的损失变化目前还不能准确地预测，因此压气机的特性线一般通过实验方法得到。典型轴流压气机特性如图 4.1 所示。压气机气动特性通常在某一给定转速下测得，称为等转速线。在等转速线上，随着轴流压气机出口节流调节(如通过节流锥移动或节流阀开合改变堵塞面积)，出口截面逐渐变小，压气机背压升高，流过压气机的流量变小，导致转子进口气流攻角增大，压气机做功能力增强，压气机的增压能力提高。当节流达到一定程度时，会出现流动不稳定现象，导致压气机性能下降。其特点是压气机内部流动的气流速度和压力会产生强烈的脉动，从而引起压气机振动并伴有异响。每一个等转速线上都有一个最小的流量点，低于该流量压气机会产生不稳定流动。等转速线上开始出现不稳定现象的点称为不稳定工作点。选择不同转速，调节单级轴流压气机出口节流锥，当流量减小到一定程度时，便可得到不同等转速线上的不稳定点，这些不稳定点的连线称为该压气机特性图上的不稳定工作边界或称喘振边界，如图 4.1 所示。

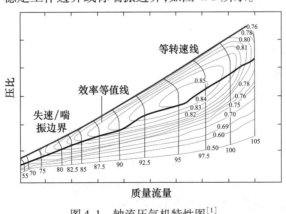

图 4.1 轴流压气机特性图[1]

压气机的设计水平、技术先进性主要是通过其性能指标来进行判定的。在设计状态下,压气机往往具有满足设计要求的增压比和效率,且工作稳定性好。然而,设计的压气机不一定总是运行在设计工况。当工况偏离设计状态时,压气机增压比、效率和稳定裕度发生变化。因此,有必要研究非设计条件下压气机性能参数(压比、效率和稳定裕度)的变化。压气机的气动特性线可以让人们方便地了解轴流压气机的基本性能,了解主要特性参数的变化特点和规律,了解不稳定边界及稳定工作范围,为合理地选择和使用压气机提供依据。

4.1.2 单级压气机实验系统

以某低速单级轴流压气机实验台为例,其结构如图4.2所示。进口为双扭线形式的喇叭口,各横向截面处机匣直径相同。压气机上游有进口导叶,在其下游为转子动叶。转子由15kW的三相交流电动机驱动,电动机转速由变频器控制,可从0连续调至3000r/min。压气机出口面积由节流锥控制,通过节流锥沿轴线方向前后移动,改变出口截面积,进而调节单级压气机通流空气质量。

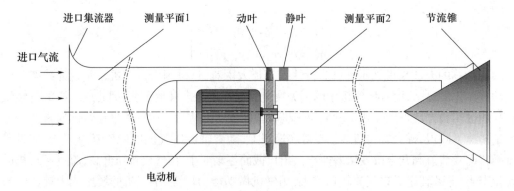

图4.2　低速单级轴流压气机实验台结构

4.1.3 测量参数和测量装置

1. 测量参数

(1)实验时的大气压力 P_h^* 和大气温度 T_h^*;

(2)实验级的进口平均总压 P_{1av}^*(总温 T_{1av}^*,如果需要);

(3)实验级的出口平均总压 P_{2av}^*(总温 T_{2av}^*,如果需要);

(4)转子叶轮消耗的扭矩 M_k;

(5)转子叶轮转速 n;

(6)流过压气机的气体质量流量 m。

2. 测量装置

1)压力测量

(1)大气压力 P_h^* 用普通的杯形水银气压表测量。

(2)压气机进出口气流总压和方向用三孔探针测量。转子前的探针离叶片前缘约0.5倍轴向弦长,转子后的探针离叶片尾缘约0.4倍轴向弦长,三孔压力探针可以通过位移机构(图 4.3)沿径向方向上下移动测量不同径向位置数值。实验过程中通过调平两静压孔压力使得探针对准来流,进而测得各截面总压和气流角。为了提高测量效率也可采用非对向法测量,但需对数据进行处理后得到总压和方向。对向测量和非对向测量原理以及探针校准详见 1.2 节相关部分。另外,也可采用耙状气动探针(多个探针组合起来,如图 4.4 所示)进行替代进一步提高测量效率,实验中只需一次测量就可同时得到不同半径处多个点的参数。但探针耙结构复杂,价格昂贵,对流场的干扰也更大。

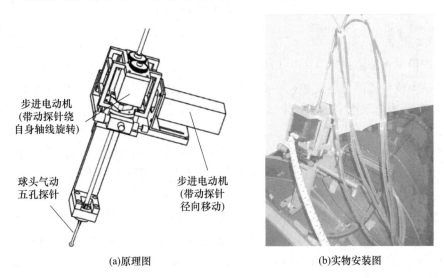

<table>
<tr><td>(a)原理图</td><td>(b)实物安装图</td></tr>
</table>

图 4.3　气动探针坐标架原理及实验安装

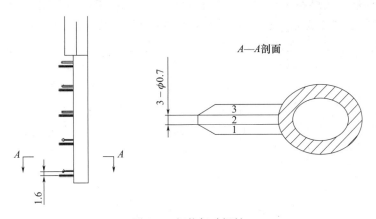

图 4.4　耙状气动探针

测试过程中要采集的压力参数包括大气压力和压气机叶片高度上的压力分布。除水银压力计测量的大气环境压力外,其他压力参数由计算机自动采集,包括转子前后测量截面上沿叶片高度方向的多个位置压力分布。转子前后段的压力信号由上述三孔压力探针检测到后统一输送到电子压力扫描阀,最后由工控机把从电子压力扫描阀读取的电压信号转化为压力参数,并进行实时数据处理和记录存储。压气机性能测试中压力测量值的误差不超过 ±0.25%。压力采集系统如图 4.5 所示。由于实际压力传感器并非只有一个,所以在测试开始时,每次都要对所有传感器进行统一的压/电转换校准。

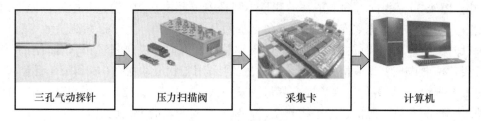

| 三孔气动探针 | 压力扫描阀 | 采集卡 | 计算机 |

图4.5　压力采集系统原理图

2）温度测量

（1）进口平均总温：(T_h^*)用0.1级的水银温度计测量，其最小刻度为0.1℃。

（2）试验段各截面总温测量（如果需要）。热电偶安装在三孔总压探针安装支架上，形成组合探针，用于测量进出口之间的总温升。测量总温升的原因是为了避免计算效率数值时出现较大的传递误差。对于低压比压气机来讲，转子叶片进口和出口的温差非常有限，很难保证小温升的测量精度。虽然压气机效率可以通过同时测量压气机的总温升来获得，但对于该低压比压气机等熵效率通常是根据压气机转子的扭矩计算出来的。

3）扭矩测量及转速测量

工作叶片的扭矩 M_k 及转速的测量都采用转矩转速传感器完成。转矩转速传感器的基本原理是：通过弹性轴、两组磁电信号发生器，把被测扭矩、转速转换成具有相位差的两组交流电信号，这两组交流电信号的频率相同且与轴的转速成正比，而其相位差的变化部分又与被测转矩成正比。

JC型转矩转速传感器工作原理如图4.6所示。在弹性轴的两端安装有两只信号齿轮，在两齿轮的上方各装有一组信号线圈，在信号线圈内均装有磁钢，与信号齿轮组成磁电信号发生器。当信号齿轮随弹性轴转动时，由于信号齿轮的齿顶及齿谷交替周期性地扫过磁钢的底部，使气隙磁导产生周期性的变化，线圈内部的磁通量也产生周期性变化，使线圈中感生出近似正弦波的交流电信号。当弹性轴不受扭时，两组交流电信号之间的相位差只与信号线圈及齿轮的安装相对位置有关，这一相位差一般称为初始相位差，在弹性变形范围内，相位差变化的绝对值与转矩的大小成正比。通过信号处理计算即可得到扭矩、转速及功率的精确值。图4.7所示为扭矩仪测量压气机轴功示意图。

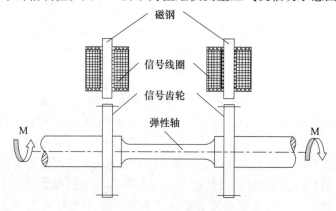

图4.6　JC型转矩转速传感器工作原理

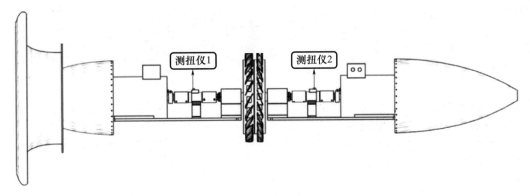

图 4.7　扭矩仪测量压气机轴功示意图

在增速器的出轴端装有 6 个齿的梅花瓣 1，通过一个电磁式转速传感器 2 感受转速信号，如图 4.8 所示。增速器出轴每转一次，梅花瓣的 6 个齿使转速传感器产生的磁场变化 6 次，如果转速为 $n(\text{r/min})$，则磁场变化所引起的交变频率 $f=n/10(\text{Hz})$，即 $n=10f$。通过频率 f 测出，便可以知道转速 n。压气机转子的转速和扭矩均测量精度分别为 $\pm0.1\%$、$\pm0.5\%$。测量结果直接显示在测量仪的显示面板上，同时通过串口连接将测量结果输入到工控计算机。

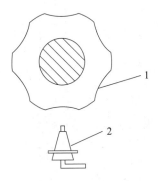

图 4.8　转速测量端

4）流量测量

（1）横动法测量流量。一般测量位置如图 4.9 中 PL1 和 PL2 所示。采用皮托静压管作为测量工具，皮托静压管头部中心应依次置于通道沿 3 个对称分布直径上间隔的至少 24 个测点上，如图 4.10 所示。一般测量截面位置如图 4.10 的 PL1 和 PL2 所示。每个圆环的中心线上测量气流的总压及静压作为该圆环面上的总压及静压的平均值，这相当于用阶梯形的分布规律来代替曲线分布规律。存在管内流动速度沿周向分布不均匀的情况时，则应在每个环面上增加周向测点数，而用环面上测点的平均值代表该环面上的参数值。

（2）节流孔板测量流量。孔板流量计，属于节流式流量计中最典型的一种，它由孔板和差压检测仪表构成，具有结构相对简单，使用方便、技术成熟、性能稳定的特点。而且，标准孔板系统是标准化程度很高的一种仪表，无需标定。这些优点使孔板系统在管道内流体的流量检测与计量中广泛应用。孔板流量计的结构原理如图 4.11 所示。

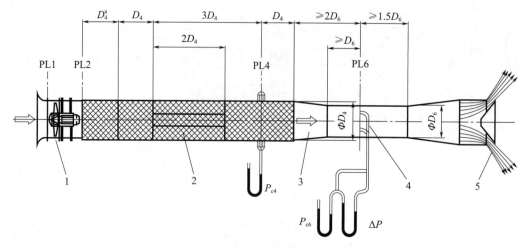

图 4.9　采用皮托静压管横动法测定流量装置
1—轴流压气机;2—整流器;3—过渡段;4—皮托静压管横动测量;5—节流锥。

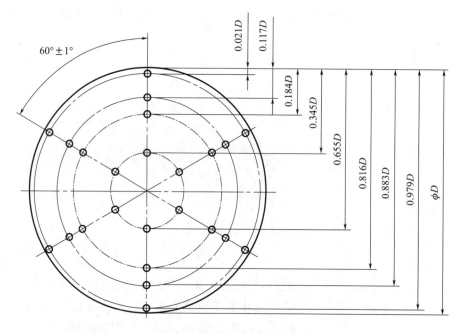

图 4.10　横动测量法位置示意图

5）工控机及采集设备

工控机是数据采集系统的控制端,数据采集卡、A/D 转换器等外接与工控机构成采集系统。A/D 转换器把经过压力变送器采集到的压力信号转换成以二进制数值表示的离散信号,然后通过数据采集卡将信号传输给计算机,从而进行数据的采集和后处理。数据采集卡是进行数据采集的核心元件,图 4.12 所示为某型 PCI 采集卡,采样速率可达 100KS/s,单通道的采样速率受到通道数的影响。每个输入通道的增益可编程,FIFO 存储器为 4KB,触发方式为软件触发,可编程定时器触发或外部触发。

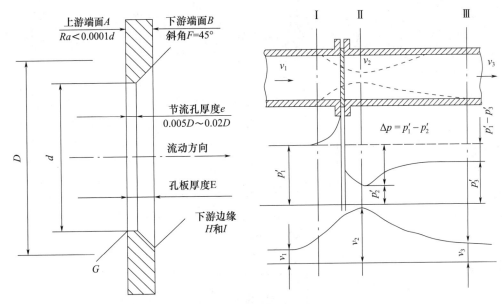

图 4.11　孔板流量计结构及原理图

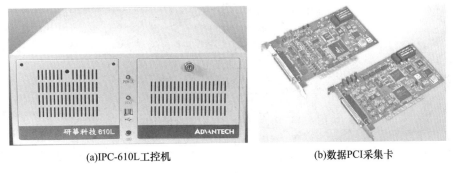

(a)IPC-610L工控机　　　　　　(b)数据PCI采集卡

图 4.12　IPC-610L 工控机和数据 PCI 采集卡

6）采集过程

采集压力变送器零点，然后打开变频器，设置电动机的转速，接下来通过节流锥位置调节程序将单级轴流压气机节流到特定位置，待压力稳定之后采集并保存数据。如果需要采集下一个工况点，则重新调整节流锥位置，不断重复以上步骤即可完成稳态采集，如图 4.13 所示。

4.1.4　数据处理方法

有了以上的测量参数，就可以按照下列步骤整理出压气机的压比和效率与转速流量的特性曲线。

实验单转子的平均总压比定义为

$$\pi_{\text{stm}}^{*} = \frac{P_2^{*}}{P_1^{*}} \tag{4-2}$$

式中：P_1^{*} 为压气机转子前气流的总压；P_2^{*} 为压气机转子后气流的总压。

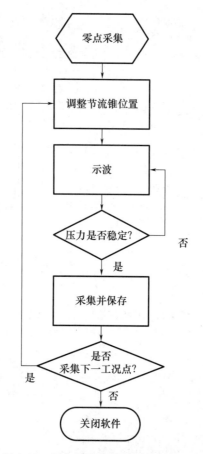

图 4.13　压气机稳态参数测量操作流程

实验单级的平均总压比:

$$\pi_{\mathrm{stm}}^{*} = \frac{P_3^{*}}{P_1^{*}} \tag{4-3}$$

式中: P_1^{*} 为压气机单级前气流的总压; P_3^{*} 为压气机单级后气流的总压。

单级压气机的平均总效率 η_{stm} 可按如下两种方法进行处理:

1. 空气流量的计算

1)横动法测量流量

在每个测点测量通过皮托静压管的差压 Δp_j。

截面上的平均差压 Δp_{m} 等于 n 个测点差压 Δp_j 的均方根的平方,即

$$\Delta p_{\mathrm{m}} = \left[\frac{1}{n} \sum_{j=1}^{n} \Delta p_j^{0.5} \right]^2 \tag{4-4}$$

$$\Delta p_{\mathrm{m}} = \left[\frac{1}{n} \sqrt{\Delta p_1} + \sqrt{\Delta p_2} + \cdots + \sqrt{\Delta p_n} \right]^2 \tag{4-5}$$

流量测量截面 x 上的平均空气密度 ρ_x 应由平均静压和静态温度 θ_x 确定,即

$$p_{ex} = \frac{1}{n} (p_{ex1} + p_{ex2} + \cdots + p_{exn}) \tag{4-6}$$

$$p_x = p_{ex} + p_a \qquad (4\text{-}7)$$

$$\theta_x = \theta_{sgx} \left[\frac{p_x}{p_x + \Delta p_m} \right]^{\frac{k-1}{k}} \qquad (4\text{-}8)$$

$$\rho_x = \frac{p_x}{Rw\theta_x} \qquad (4\text{-}9)$$

质量流量 G_B 由下式给出:

$$G_B = \alpha \varepsilon \pi \frac{D_x^2}{4} \sqrt{2\rho_x \Delta \rho_m} \qquad (4\text{-}10)$$

式中: ε 为膨胀系数,即在一定压力下气体在单位温度的变化下,体积的变化率; α 为流量系数,是指单位时间内、在测试条件中管道保持恒定的压力,管道介质流经阀门的体积流量,或是质量流量,即阀门的流通能力。流量系数值越大说明流体流过阀门时的压力损失越小。

2)孔板流量计测量空气质量流量

G_B 由测出流孔板前后的静压差 $(P_{G1} - P_{G2})$,并按下式计算得到:

$$G_B = a \cdot \varepsilon \cdot F \cdot V \cdot \rho \qquad (4\text{-}11)$$

其中 $V = \sqrt{\dfrac{2(P_{G1} - P_{G2})}{\rho}} S, F = \pi d^2 / 4$,则代入上式得到:

$$G_B = a\varepsilon F \sqrt{2\rho(P_{G1} - P_{G2})} \qquad (4\text{-}12)$$

式中: P_{G1} 为孔板前的绝对压力; P_{G2} 为孔板后的绝对压力; F 为孔板通孔截面积; a 为流量系数; ε 为气体膨胀修正系数。其中 a 与雷诺数 Re 和相对通孔值 m 有关 $\left(m = \dfrac{d^2}{D^2}, d \text{ 为流孔板的孔径}, D \text{ 为管道直径} \right)$。在该实验的条件下 $a = 0.662$。 ε 由节流装置的形式、相对通孔值 m、绝热指数 k 和孔板的相对压差值 $\dfrac{P_{G1} - P_{G2}}{P_{G1}}$ 决定。对于工质为空气, $m = 0.406$ 的孔板而言,可按图 4.14 查得 ε。

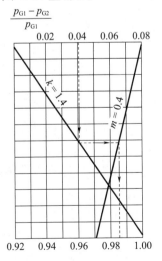

图 4.14　ε 取值曲线

孔板前气体的密度 ρ_{G1}，对空气而言，根据状态方程，可按下式计算：

$$\rho_{G1} = 1.293 \times \frac{273 P_{G1}}{1.01325 \times (273 + t_{G1}) \times 10^5} (\text{kg}/\text{m}^3) \tag{4-13}$$

式中：t_{G1} 为孔板前的空气静温，可用单级的出口总温来代替，$t_{G1} \approx T_2^*$。

为了计算方便，将 $a, \varepsilon, F, V, \rho$ 等值代入，其中简化后得到：

$$G_B = a \cdot \varepsilon \cdot F \cdot V \cdot \rho = 0.662 \times \varepsilon \times \frac{\pi d^2}{4} \times \sqrt{2\rho_{G1}(P_{G1} - P_{G2})}$$

$$G_B = 0.0044 \varepsilon \frac{P_{G1}}{\sqrt{T_2^*}} \sqrt{1 - \frac{P_{G2}}{P_{G1}}} \tag{4-14}$$

2. 按测量的扭矩和流量计算 η_{stm}^*

实验中转子角速度

$$\omega = \frac{2\pi n}{60} (\text{rad}/\text{s})$$

因转子消耗的功率

$$N_k = M_{kn} \cdot \omega (\text{W})$$

有效功

$$L_e = \frac{N_k}{G_B} (\text{J}/\text{kg})$$

G_B 由横动法或孔板流量计测量得到。

平均绝热压缩功：

$$L_{adm}^* = \frac{K}{K-1} R T_{1m} [\pi_{stm}^{\frac{k-1}{k}} - 1] (\text{J}/\text{kg}) \tag{4-15}$$

所以，压气机级的平均总效率：$\eta_{stm}^* = \dfrac{L_{adm}}{L_e}$

3. 按级的平均温升和平均压比计算 η_{stm}^*，因为：

$$\eta_{stm}^* = \frac{(\pi_{stm}^*)^{\frac{K-1}{K}} - 1}{\tau_{stm}^* - 1} \text{ 或 } \eta_{stm}^* = \frac{(\pi_{stm}^*)^{\frac{K-1}{K}} - 1}{\dfrac{\Delta T_m^*}{T_{1m}^*}} \tag{4-16}$$

式中：$\tau_{stm}^* = \dfrac{T_{2m}^*}{T_{1m}^*}$ 为级的平均总温比；$\Delta T_m^* = T_{2m}^* - T_{1m}^*$ 为级的平均总温升。

应当注意，由于单级压气机的温升不高（例如实验的单级温升约 20℃），因此要求测温精度很高，如要求保证温升 ΔT_m^* 的精度为 1%，则其绝对误差必须控制在 0.2℃ 以内，这对温度测量的精度要求很高，故用温升测效率的方法虽然可以简化实验装置，但关键的问题是测量精确度难以保证，影响效率测量准确性。

如果将测量得到的压气机流量和总压用无量纲化参数表示，流量系数 ϕ 和总压系数 ψ 分别为

$$\phi = \frac{4Q}{\pi D_t^2 U_t} \tag{4-17}$$

$$\psi = \frac{2P_t}{\rho U_t^2} \tag{4-18}$$

式中：Q 为体积流量；P_t 为压气机总压升；D_t 为转子直径；U_t 为转子叶顶线速度；ρ 为空气密度。

　　图 4.15 所示为本节涉及的单级压气机实验压升流量曲线和效率流量曲线，可以看出当流量系数 $\phi = 0.154$ 时，压气机达到最大效率工况；当流量系数 $\phi = 0.197$ 时，即使继续开大出口节流阀，压气机流量也几乎不变，此工况确定为阻塞工况；压气机失速工况时，流量系数 $\phi = 0.137$，此工况下，可以通过转子机匣壁面动态压力传感器（见第 5 章）捕捉到失速现象。

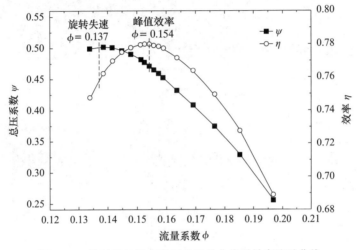

图 4.15　单级压气机实验压升流量曲线和效率流量曲线

4.2　对转轴流压气机特性测量

　　对转技术可以减小航空发动机轴向距离（两级动叶中间的静叶被省略），同时降低发动机重量，提升增压能力，因而被认为是未来高性能发动机的一项关键技术。对转技术在航空发动机上已经有成功的应用（F119 对转涡轮），然而实际发动机中还没有采用对转压气机，一个重要原因是对转压气机的流动规律尚未研究清楚。对转压气机作为一种非常规转-转气动布局型式，相对于单级压气机，其气动特性研究以及失稳流动机理还未被充分地理解。目前，研究者主要关注压气机特性规律以及失速机制，并探讨在不同转速比工况下的差异。

4.2.1　对转压气机关键硬件介绍

　　如图 4.16 所示，是西北工业大学低速对转压气机，其气动结构为导叶-前转子-后转子，前后转子旋转方向相反，且分别由前后动力段安装的两台电动机独立驱动，以实现独立控制前后转子转速。其中静子导叶个数为 19，前转子叶片个数为 21，后转子叶片个数为 21。机匣直径为 780mm，轮毂比为 0.82，叶顶间隙尺寸为 0.5mm，设计点流量为 6.4kg/s，设计压升为 7kPa。顺着气流方向观察，前转子沿顺时针转动，后转子沿逆时针转动。设计转速为前转子 -2400r/min，后转子 2400r/min（负号代表顺时针）。在高速运转时,采用 PID 技术精准控制转速稳定。实验台进口段唇口采用双扭线设计,能够保证足够质量的外界气流被平滑地吸入压气机。观察段为转子叶顶机匣部分,在其上安装了五孔气动探针、动态压力传感器阵列及光纤传感器,用于进行压气机叶顶流动动态捕捉及采集锁相等功能。后动力段、扩张段采用膨胀螺栓固定于地面上,过渡段与扩张段采用外法兰连接,其上布置 9 个放气阀,用于压气机发生喘振时进行快速放气退喘。通过控制节流锥的位置改变压气机出口通流面积,进而调节流入压气机的空气流量,改变其运行工况。

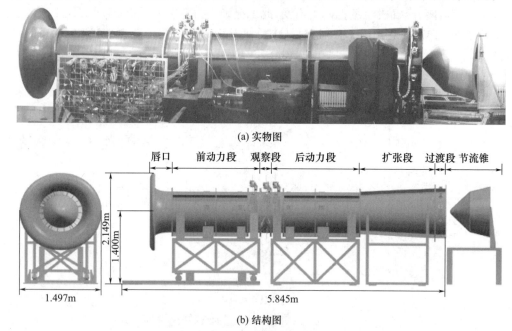

(a) 实物图

(b) 结构图

图 4.16　对转压气机实验台

　　总压测量通常是通过气动五孔探针测量压气机进口、级间、出口气流参数(包括总压、静压、速度等),从而计算出不同流动工况下压气机总体性能(总压比/总压升、流量)。五孔探针详细测量原理和校准方法在第 1 章已做介绍。静压测量的目的是通过机匣壁面静压孔测量压气机进口及出口静压,结合大气压力、大气温度等参数从而获得压气机流量及静压升。与总压测量的最大不同是,静压测量可以不需要依赖探针,而是依靠壁面静压孔测量流量及静压升,能够快速地给出结果,方便研究人员对压气机性能进行在线监测,从而更适用于失速点的筛查,在第 5 章动态失速过程捕捉实验中将起到强有力的辅助作用。

4.2.2　数据采集方法

1. 离散特性曲线测量

　　压气机特性线测量过程中节流锥位置离散变化。在每个离散的节流状态下,通过调节进口、级间、出口五孔探针沿叶高移动从而测得气流参数沿叶高的分布,对气流参数沿叶高取平均可得压气机整体性能参数。这主要是为了获得固定转速下,质量流量-总压升、质量流量-效率、流量系数-总静压升系数、流量系数-总压升系数的关系。在实验中,采用大气温度变送器获得当地环境温度。

　　为了保证探针在向叶根方向运动过程中不超出行程范围,采用原点开关对探针径向基准位置进行标识。一方面,当探针运行到该位置时探针停止运动,保证实验的安全性。另一方面,以该位置为基准进行平移,可以保证不同工况下探针测量的位置都具有高度的一致性,从而可以对比不同工况气流参数在相同径向位置上的变化规律。

测量离散特性曲线时,首先将转速调至目标值,并且整个测量过程采用 PID 闭环反馈控制算法保持转速不变(图 4.17)。然后将节流锥位置调至某一固定目标位置,即某一流量工况,通过调节探针沿叶高的位置即可获得气流参数沿径向的分布规律。当该工况下探针已遍历完所有目标叶高位置后,即可调整节流锥至下一固定目标位置。当该转速下节流锥已遍历完所有目标位置后,即可获得一条完整的特性曲线,由于在测量过程中节流锥位置是离散变化的,因此该特性曲线也称为离散特性曲线。

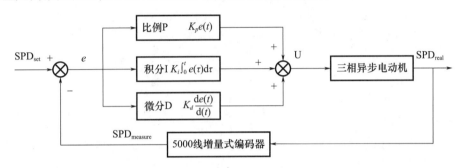

图 4.17　PID 闭环反馈转速控制原理

2. 连续特性曲线测量

压气机特性线测量过程中节流锥位置是连续变化的。在节流锥连续移动过程中,采用进口、出口机匣壁面静压孔计算压气机的流量、静压升等参数。相比于"离散特性曲线",连续方法更快速,且能在线检测压气机流动参数,从而方便进一步寻找失速点。测量对转压气机连续特性,主要是为了获得固定转速下,质量流量-静压升曲线、流量系数-总静压升系数曲线。在实验中,采用大气温度变送器获得当地环境温度,采用大气压力变送器测得当地环境压力,从而可计算得到大气密度。同时,压气机进口配置球头气动五孔探针,用于测量进口气流速度,结合转子转速及大气密度可获得流量系数。质量流量由双扭线流量计测得,在进口机匣壁面均匀布置 4 个静压孔,根据进口静压及大气密度即可获得流入压气机的空气流量。采用动态扭矩测量仪获取前/后转子消耗的轴功率、扭矩、转速。

测量连续特性曲线时,首先将转速调至目标值,并且整个测量过程采用 PID 闭环反馈控制算法保持转速不变。然后将节流锥位置从原点连续调至失速工况,同时通过进口双扭线流量计算流量,通过进/出口机匣壁面静压孔计算静压升。当压气机运行至失速工况时流量及静压升突降,此时可进一步深度节流或缓慢增大流量退出失速,当该转速下节流锥已遍历完所有目标位置后,即可获得一条完整的特性曲线,由于在测量过程中节流锥位置是连续变化的,因此该特性曲线也称为连续特性曲线。

4.2.3　基本性能分析

图 4.18 所示为前/后转子运行在 800r/min/800r/min 下的总静压升系数-流量系数离散曲线及效率-流量系数离散曲线。该曲线由压气机进/出口球头气动五孔探针及前/后

转子轴的动态扭矩测量仪测得。在该转速下,当流量减小到一定程度时,总静压升系数曲线及效率曲线都出现大幅下降,即压气机进入失速。当继续增大流量时,总静压升系数及效率并未显著增大,直到流量增大到一定程度,总静压升系数及效率曲线才大幅上升,该工况下失速恢复,流动重新回归稳定状态。在失速-恢复过程中总静压升系数-流量系数曲线及效率-流量系数曲线中都存在明显的迟滞环。

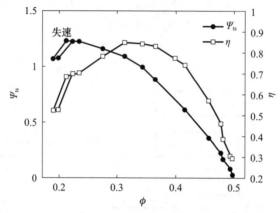

图 4.18　总静压升系数-流量系数及效率-流量系数离散曲线

图 4.19 所示为两个转子在 800r/min/800r/min 转速下工作时的总静压升系数-流量系数连续曲线,其中每个坐标点的最大标准偏差为 0.006。可以发现,在"失速发生"和"失速恢复"过程中存在明显的迟滞现象。

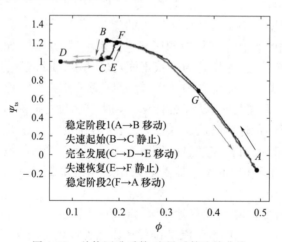

图 4.19　总静压升系数-流量系数连续曲线

将该特性线分为 5 个部分:稳定阶段 1(Stable 1),随着出口节流锥逐渐关闭,压气机从堵塞工况运行至失速前最后一个稳定工况;失速起始阶段(Stall occur),该过程出口节流锥位置保持不变,压气机总静压升系数及流量系数在某一瞬间突然急剧下降,失速扰动产生并发展,对应着从稳定工况到失稳工况的转化;失速完全发展阶段(Fully stall),该过程节流锥先持续关闭再缓慢打开,此时压气机内存在完全发展的失速团沿周向转动,流量系数及总静压升系数变化平缓;失速恢复阶段(Recovery stall),该过程节流锥位置保持不变,在某一时刻压气机压升系数及流量系数突然急剧上升,失速扰动衰减并消失,对应从失稳工况到稳定工况的转化;稳定阶段 2(Stable 2),该过程出口节流锥逐渐打开,对应从恢复失速后第一个稳定工况到堵塞工况,与稳定阶段 1 几乎完全逆向重合。

4.2.4　不同转速比影响实验

对转压气机的转速比(前转子转速 n_1 与后转子转速 n_2 之比)对于压气机性能和稳定性具有重要影响,本实验进行了 19 种转速配置下的压气机气动特性实验。按照转速比小于 1、等于 1 及大于 1,实验分为 3 组。其中转速比小于 1 情况下,又分为转速比 0.75、0.857、0.875、0.889 4 个级别,每个转速比下可对应多个的转速配置。例如,转速比为 0.75 时,前/后转子转速配置分为 2 种,即 900r/min/1200r/min 和 1200r/min/1600r/min。转速比为 0.889 时,前/后转子转速配置分为 3 种,分别为 800r/min/900r/min、1600r/min/1800r/min 和 2400r/min/2700r/min。从而可研究同一转速比下,压气机低转速、中转速及高转速的特性变化规律。转速比等于 1 情况下,前/后转子转速大小相同。转速比大于 1 情况下,又分为转速比 1.125、1.167、1.333 3 个级别,每个转速比下可对应多个转速配置。

图 4.20 所示为 19 种转速配置下的对转压气机流量-静压升特性曲线。其中红色、蓝色、黑色曲线分别代表转速比等于 1、小于 1 及大于 1 的情况,紫色曲线代表压气机失速边界线。图中失速边界线为所有转速配置下的共同失速边界,与常规压气机失速边界线定义相同。该失速边界总体呈现出折线特征,与常规单级压气机中的失速边界形态有所区别。以 2100r/min/1800r/min(转速比 1.167)和 1800r/min/2100r/min(转速比 0.857)的转速配置为例,在前/后转子几何平均值相同的情况下,从失稳难易程度方面讲,转速比小于 1 的特性曲线相比于转速比大于 1 的失速点更靠近左边,即转速比小于 1 时对转压气机更难失稳。从增压能力方面讲,转速比大于 1 的特性曲线相比于转速比小于 1 的更靠上方,即转速比大于 1 时压气机增压能力更强。其他符合条件的转速配置均满足该规律,即前/后转速几何平均值一定的情况下,转速比越小压气机稳定性更好,同时增压能力更差。与此相反,转速比越大压气机增压能力越强,同时稳定性更差。

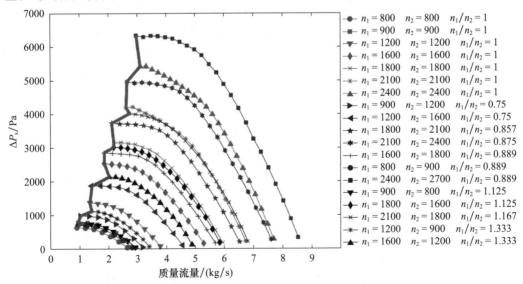

图 4.20　不同转速配置下对转压气机流量-静压升特性曲线

为了更清楚地表述这种规律,首先定义前/后转子几何平均值 n_{sqrt},如图 4.20 所示。然后,在 n_{sqrt} 相同的情况下,定义失速起始点流量变化率 Δm_{stall},该参数可用于描述转速比大于 1 的失速起始点流量相比于转速比小于 1 的相对增量。接下来,在 n_{sqrt} 相同的情况下,定义失速起始点静压升变化率 ΔPR_{stall},该参数可用于描述转速比大于 1 的失速起始点静压升相比于转速比小于 1 的相对增量。

$$n_{sqrt} = \sqrt{n_1 \cdot n_2} \tag{4-19}$$

式中: n_{sqrt} 为前后转子转速几何平均值(r/min); n_1 为前转子转速(r/min); n_2 为后转子转速(r/min)。

$$\Delta m_{stall} = \frac{m_{stall,n_1/n_2>1} - m_{stall,n_1/n_2<1}}{m_{stall,n_1/n_2<1}} \times 100\% \tag{4-20}$$

式中: Δm_{stall} 为失速起始点流量变化率,无量纲; $m_{stall,n_1/n_2>1}$ 为转速比大于 1 情况下失速起始点流量(kg/s); $m_{stall,n_1/n_2<1}$ 为转速比小于 1 情况下失速起始点流量(kg/s)。

$$\Delta PR_{stall} = \frac{PR_{stall,n_1/n_2>1} - PR_{stall,n_1/n_2<1}}{P_{stall,n_1/n_2<1}} \times 100\% \tag{4-21}$$

式中: ΔPR_{stall} 为失速起始点静压升变化率,无量纲; $PR_{stall,n_1/n_2>1}$ 为转速比大于 1 情况下失速起始点静压升(Pa); $PR_{stall,n_1/n_2<1}$ 为转速比小于 1 情况下失速起始点静压升(Pa)。

表 4-1 所列为在不同 n_{sqrt} 下,失速起始点性能参数随转速比的变化。当 n_{sqrt} 相同时,转速比大于 1 的压气机相比于转速比小于 1 的情况更容易失速,且失速起始点流量高出至少 18% 左右。与此相反,转速比大于 1 的压气机相比于转速比小于 1 的情况增压能力更强,且失速起始点增压能力至少高出 5.5%。不同的转速比下,压气机增压能力与稳定性相互制约。

表 4-1　不同转速 n_{sqrt} 下失速起始点性能参数随转速比的变化

n_{sqrt} /(r/min)	转速比 (n_1/n_2)	前转子转速 n_1/(r/min)	后转子转速 n_2/(r/min)	失速起始点流量/(kg/s)	失速起始点静压升/Pa	Δm_{stall}/%	ΔPR_{stall}/%
849	0.889	800	900	0.915	714.9	—	—
849	1.125	900	800	1.118	760.1	22.186	6.323
1039	0.75	900	1200	1.166	1069	—	—
1039	1.333	1200	900	1.62	1219	38.937	14.032
1386	0.75	1200	1600	1.383	1877	—	—
1386	1.333	1600	1200	2.004	2142	44.902	14.118
1697	0.889	1600	1800	1.838	2862	—	—
1697	1.125	1800	1600	2.169	3021	18.009	5.556
1944	0.857	1800	2100	2.105	3736	—	—
1944	1.167	2100	1800	2.708	4017	28.646	7.521

图 4.21 所示为不同 n_{sqrt} 下失速起始点质量流量及静压升随前/后转子转速比的变化规律。在所有情况下,转速比大于 1 的压气机失速起始点流量更大,即压气机更容易失速。转速比小于 1 的压气机失速起始点静压升更小,即压气机增压能力更差。

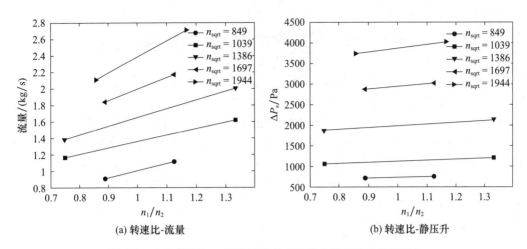

(a) 转速比-流量　　　　　　　　　　　(b) 转速比-静压升

图 4.21　不同转速 n_{sqrt} 下失速起始点性能参数随转速比的变化

图 4.22 所示为 19 种转速配置下的对转压气机流量系数-总静压升系数曲线。其中红色、蓝色、黑色曲线分别代表转速比等于 1、小于 1 及大于 1 的情况。总体来看,转速比小于 1、转速比等于 1 及转速比大于 1 的曲线之间存在明显的间隔。对于转速比为 1 的情况,各曲线具有比较高的重合度。对于转速比大于 1 或者转速比小于 1 的情况,不同转速比之间曲线也存在明显的差异。对于转速比小于 1 的情况,其中转速比为 0.75 的两条曲线具有比较高的重合度,转速比为 0.889 的 3 条曲线也具有比较高的重合度。同样,对于转速比大于 1 的情况,其中转速比为 1.125 的两条线具有比较高的重合度,转速比为 1.333 的两条曲线也具有比较高的重合度。综合来看,同一转速比下的流量系数-总静压升系数曲线能够较好的重合,不同转速比下的流量系数-总静压升系数曲线之间存在一定的差异,这说明了在对转压气机中同一转速比下,压气机运行情况具有高度的相似性。

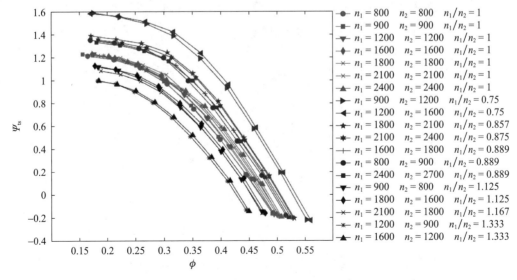

图 4.22　不同转速配置下对转压气机流量系数-总静压升系数曲线

4.3 进气畸变影响压气机性能实验

上述章节讨论的性能实验均是在进气均匀条件下进行的。在真实飞行环境中,航空发动机由于超机动飞行、兼顾机动性及隐身性的进气外形、起飞时的地面涡、进气道附面层、导弹发射尾气等原因,会导致风扇进口呈现出非均匀进气条件,习惯上称为进气畸变。而对于以巡航和运输为目的的亚声速飞机,在飞行过程中的起飞爬升、着陆或侧风起飞等情况下,由于进气道气流迎角增大会使得进气道口形成绕流,产生进气畸变条件。从流动机理角度分析,进气道出口的压力、温度、气流角度的不均匀实际上是局部或者整体改变了气流密度的时间、空间分布,最终影响发动机的气动性能及工作稳定性,图4.23 给出了产生畸变的一些飞行状态实例。

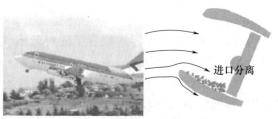

(a) 起飞时伴随的地面涡　　　　　　　　(b) 大迎角起飞导致的进气畸变

图4.23　进气畸变实例

由于航空发动机中的风扇/压气机是影响其气动稳定性的关键部件,一台发动机的稳定工作边界往往由压缩系统的稳定工作边界来决定,因此压气机进气畸变的研究十分重要。压气机进口畸变将改变压气机的气动稳定性以及压气机性能,影响压气机失速点流量和压比。一般情况下,在进气畸变条件下的压气机失速点流量将比无进气畸变情况下压气机失速点流量要大、压比要低,对应下压气机的稳定性降低,如图4.24 所示。

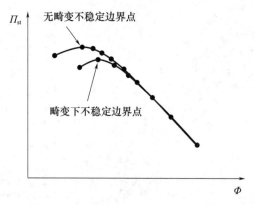

图4.24　压气机畸变条件特性线变化

按照畸变参数,进气畸变可以分为总压畸变、总温畸变、旋流畸变、静压畸变、平面波和复合畸变等。就目前研究现状,对发动机性能影响较大的主要是总压畸变,总温畸变和旋流畸变这3种畸变类型,如图4.25 所示。

(a) 总压畸变压力云图　　　(b) 总温畸变温度云图　　　(c) 旋流畸变旋流角

图 4.25　3 类进气畸变示意图

总压畸变,如图 4.25(a)所示,通过发动机进气道气动界面(AIP)的压力云图可以直观地看出,圆环形状的气动界面被分为两个区域,低压扇形区域可以理解为压力受损周向畸变部分,高压扇形区域可理解为未受扰动压力正常部分。进口总压畸变的主要表现形式为周向畸变、径向畸变和混合畸变,如图 4.26 所示。

(a)周向畸变　　　　　(b)混合畸变　　　　　(c)径向畸变

图 4.26　进口总压畸变模式

战斗机发动机吸入发射导弹的尾焰就是一种典型的总温畸变,民航客机飞行过程中也会伴随总温畸变的发生,如起飞阶段吸入其他飞机的废气或降落反推阶段吸入发动机自身所产生的废气等。总温在周向截面呈现不均匀分布,如图 4.25(b)所示。

旋流畸变随着大涵道比发动机和 S 弯进气道的出现,成为了压气机进气畸变研究中的另一个重要问题,多种机型在试飞过程中均出现过由于旋流畸变导致发动机不稳定工作的现象,其压力分布如图 4.25(c)所示。图 4.27 所示为一种发动机近地工作产生的旋流畸变的一种——进气集中涡流畸变。本节将主要针对总压畸变、总温畸变和旋流畸变 3 种畸变类型进行内容展开,依次介绍进气畸变影响压气机性能的实验研究。

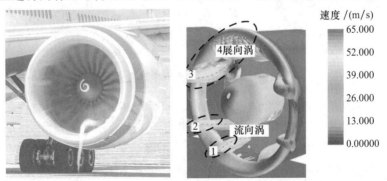

图 4.27　压气机地面进气集中涡旋流畸变

4.3.1　畸变发生器

国内外关于进气畸变开展了很多试验研究,其中通过畸变发生器对畸变机理试验研究一直是科研人员所关注的重点,此类试验主要包括进气道试验、压气机试验以及整机试验。单独的进气道试验主要是通过安装畸变发生器,并在风洞出口进行测试;对于压气机/整机进气总压畸变试验,通常将供气管道与压气机试验台/发动机整机试验台直接连接,在空气供应管道进口或者内部安装畸变筛网、模拟板以及插板等畸变发生器,图4.28所示为两类畸变发生装置。

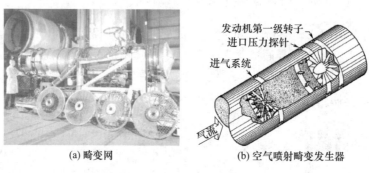

(a) 畸变网　　　　　　　　　　　(b) 空气喷射畸变发生器

图4.28　进气畸变实验装置[2-3]

1. 进气总压畸变

对于压气机进气总压畸变发生器的安装位置,欧美等西方国家通常将畸变筛网安装在压气机试验台/整机试验台进口上游1~2倍发动机进口管道直径处。国内研究采用试验台进口/发动机进气道气动界面(aerodynamic interface plane,AIP)上游3倍管道直径位置处安装可调插板畸变发生器,可参考 GJB 64A—2004《航空涡轮喷气和涡轮风扇发动机进口总压畸变评定指南》的安装建议。对于压气机进气总压畸变发生器的分类主要为稳态畸变发生器和瞬态畸变发生器两类,其中稳态畸变发生器包括畸变筛网、模拟板等,如图4.29所示。

(a) 180°畸变筛网　　　　　　　　　(b) 畸变模拟板

图4.29　典型畸变发生器结构

模拟板畸变装置由网格畸变装置演变而来,可采用铸铝等轻质金属材料,在前期简单的模板上加工最终制成。模拟板畸变装置可增加低压区的空气流通能力,从而满足目标需求。但是在开展压气机进气总压畸变实验时,不同的总压畸变模式的变更都需要中断并停止测试,拆卸并更换畸变发生器。这样的循环往复会给测试实验增加成本,并且畸变模拟板的所产生的畸变模式能否符合实验目标,也过于依赖工程经验。在进气总压畸变实验前需要加工多组畸变模拟装置,在实验中根据测试结果的分析寻找与目标结果的差异,从而再次进行模拟板的加工,直至模拟板测试实验结果满足目标实验需求。为解决上述困难实现畸变流场的实时调节,欧美等国家研制了瞬态畸变发生器,包括离散频率型/射流型/分裂翼型/多元件组合型畸变发生器等多种类畸变发生器。图 4.30 所示为西北工业大学低速对转压气机进气畸变研究实验装置,安装在进气道的畸变发生器可拆卸并调节相位角安装,以及设计了不同的畸变影响研究插板。

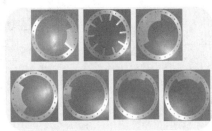

图 4.30　西北工业大学低速对转压气机进气畸变研究实验装置

2. 进气总温畸变

对于压气机进气总温畸变实验而言,依照进气温度畸变评定标准对发动机开展温度畸变测试,温度畸变模拟器的性能参数包括:出口面平均温升、临界温升、临界温升响应、高温区范围、面平均温升率、总压损失和总压不均匀度等多种参数指标。根据温度畸变模拟器的热源不同,可以将温度畸变模拟器分为外部热流导入式和嵌入式。

外部热流导入式温度畸变模拟发生装置是在发动机测试通道外部,利用加热、燃烧以及换热等方式产生高温工质,在发动机气动交界面形成所需温度畸变图谱或者所需温度畸变系数的流场。安装发动机上游空气注射系统,可以将外部热交换产生的热空气或者外部燃烧产生的燃气根据温度畸变需求导入相应位置的喷射空气,最终在发动机气动交界面产生畸变流场。该种外部热流导入式的温度畸变模拟器设计、制造和使用相对简单、成本低、使用安全。美国海军研究生院(Naval Postgraduate School)设计的蒸汽温度畸变模拟装置如图 4.31 所示,模拟舰载机弹射起飞过程中弹射器产生的高温蒸汽被舰载机吸入对发动机的影响。

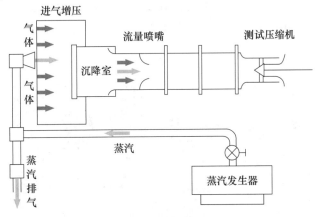

图 4.31　蒸汽温度畸变模拟器示意图[3]

为了给航空发动机全面测试提供基础设备设计,NASA 开发了全尺寸温度畸变模拟发生器,发生器的基本结构如图 4.32 所示。其中核心部件为氢燃烧燃气发生器,位于发动机入口上游。燃气发生的火焰稳定器结构可以是支杆或者凹腔,可以在 360°圆周范围内将独立的凹腔火焰稳定器放置在 8 个可独立控制燃烧的扇形区域内。

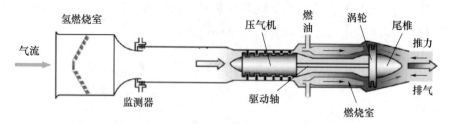

图 4.32 NASA 氢气燃烧温度畸变模拟器试验台示意图[4]

3. 进气旋流畸变

早期相关学者提出旋流畸变对压气机性能影响的实验方案中,使用了三角翼旋流畸变发生器并验证了进气旋流畸变会降低压气机的性能以及效率,如图 4.33 所示。该类旋流畸变发生器结构简单,便于调节涡的强度和位置,缺点是只能产生对涡旋流,不能模拟真实飞行情况中更加复杂的旋流类型。

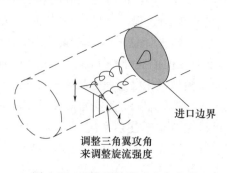

图 4.33 三角翼旋流畸变发生器

另一种旋流畸变产生方法是畸变网方法,可根据目标图谱设计相应的畸变网,结构稳定,模拟精度高。这种旋流畸变网可以模拟任意结构样式的旋流图谱,打破了以往旋流畸变发生器只能模拟整体涡和对涡旋流的局限性。图 4.34 是根据某型 S 弯进气道出口旋流图谱以及某型翼身融合体布局飞机发动机进口旋流设计的旋流畸变网[4]。

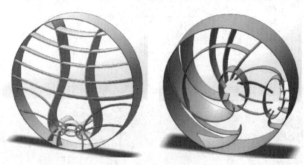

图 4.34 旋流畸变网[5]

4.3.2　畸变参数测量

如前所述,单独的进气道测试主要用于畸变发生器的设计,畸变流场特性研究等,压气机进气畸变实验在测试的过程中需要确定发动机进气道气动界面(AIP)处的流场参数,如总压恢复、畸变程度等,从而测试进气畸变对于发动机整体的部件稳定性的影响。因此,在测试过程中需要确定流场参数测试方案,从而利用测试数据计算相应的畸变指标以及稳定裕度,定量描述畸变程度并评估畸变对发动机稳定性的影响。

AIP界面尽量选择靠近发动机进口的位置,发动机进口截面通常为发动机前支板、导流叶片或工作叶片前缘所在的截面,有文献指出气动界面通常选在距发动机进口100mm以内。目前,大部分总压畸变试验研究中采用探针梳测试进气道气动界面(AIP)的流场参数(主要为总压的测试)。探针梳的测试方法可以分为稳态测试和动态测试两类。

1. 稳态测试方案

对于稳态测试,需要在该截面布置测点,测点数越多,参数相关性越好,图谱越准确,但相应的测点数越多,意味着探针梳数目较多,探针梳支杆会对发动机进口流场造成堵塞。有相关研究表明,周向畸变研究中周向至少需要分布8根探针梳;径向畸变研究中每支探针梳的测点数至少为5个,如图4.35和图4.36所示。虽然该型测试布局方案在国内得到广泛应用,但由于探针测试分辨率较低,如果对畸变指数的精度和图谱的准确度要求较高,需要采用相对更密集的测试方案,如图4.37所示60测点布局。

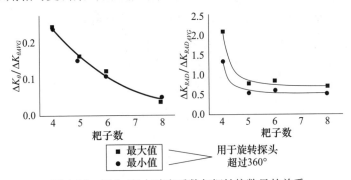

图4.35　周向/径向畸变系数与探针梳数目的关系

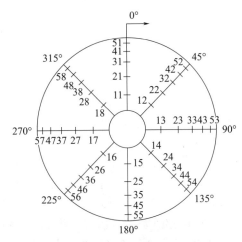

图4.36　8×5型测试方案

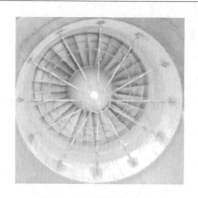

图4.37　60测点探头布局

2. 动态测试方案

进气畸变测量试验中的气动交界面 AIP 动态总压参数可以反映发动机进口气流的紊流度,紊流度越大对发动机稳定性的影响越大。为了获取界面湍流水平,就需要布置合理的动态总压测点。国外学者通过开展动态总压测点数目对平均紊流度测试精度的影响研究,表明测点数目越少,测得的结果不确定范围越大。GJB/Z 64A—2004《航空涡轮喷气和涡轮风扇发动机进口总压畸变评定指南》[6]推荐动态总压测试采用在 0.9 倍相对半径处,周向均布 6 个动态总压测点的测试方案,如图 4.38 所示。动态总压测试截面与稳态总压测试截面可以相同也可以不同,两个截面之间的距离应不大于 ±10% 管道直径。

针对此节中涉及的压气机气动参数测试探针介绍不是本节介绍的重点,详细介绍内容读者可参考第 1 章压力测量相关内容。

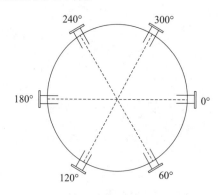

图4.38　动态总压测点分布

3. 光学测量方案

除了采用接触式的探针梳测量畸变图谱,也可以采用非接触式光学测量,如 PIV 技术,其原理在第 6 章有详细介绍。针对进气畸变研究,弗吉尼亚理工学院开展的 PIV 试验测试方案如图 4.39 所示。

对于压气机进气温度畸变试验研究而言,最需关注的流场参数无异于温度,对于进气温度畸变的评估体系,依照美国 ARD – 50015《进气道/发动机进口温度畸变现行评定问题》[7],在压气机气动界面周向均匀分布的 8 耙 5 点的测量获取气动面的温度空间分布,并且将 AIP 上测得的稳态和动态的温度数据,将畸变指数分为两类,一类为空间温度畸变,另一类为温度瞬变。空间温度畸变用面平均温度变化来表示,空间温度畸变又分为周向畸变和径向畸变,最终通过空间温度畸变指数来评定压气机稳定裕度的变化。温度瞬变为单位时间内气动界面上的面平均温度变化量。通过空间温度畸变和温度瞬变的组合可以判断发动机的稳定性。依照美国发布的温度畸变评估标准,气动交界面上需要布置 40 个温度传感器[8]。

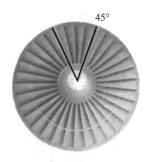

图 4.39　PIV 测试方案及测试区域

4.3.3　数据分析

1. 畸变指标

畸变指标是评估畸变的范围、程度以及对稳定性影响的关键指标。采用合适的畸变指标可以更好地帮助研究畸变流场对压气机性能的影响。根据当前不同畸变指标在反映畸变范围、畸变位置、测量布局等方面的对比研究,表明周向总压畸变指数 $K\theta$,径向总压畸变指数 KRA 等为较好的畸变指标。本节将简要介绍美欧的 AIR – 1420《燃气涡轮发动机进气总压畸变评审方法》[8] 列出的和国内常用的几种畸变指标:

1)周向畸变强度 CDI

表征第 i 个环的总压损失大小:

$$CDI = \left(\frac{\Delta PC}{P}\right)_i = \frac{(P_{R,AV})_i - (P_{LAV})_i}{(P_{R,AV})_i} \tag{4-22}$$

式中:$(P_{R,AV})_i$ 为第 i 环的平均总压;$(P_{LAV})_i$ 为 i 环面低压区平均总压。

2)周向畸变范围 $(\theta^-)_i$

表征第 i 个环低于平均总压的角度区间:

$$(\theta^-)_i = \sum_{k=1}^{Q} \theta^-_{ik_i} \tag{4-23}$$

式中:k 为低压区序号。

3)周向低压区个数 MPR

表征的是第 i 环的有效低压区个数:

$$(MPR)_i = \frac{\sum_{k=1}^{Q}\left(\frac{\Delta PC}{P}\right)_{ik}\theta^-_{ik}}{\max\left[\left(\frac{\Delta PC}{P}\right)_{ik}\theta^-_{ik}\right]} \tag{4-24}$$

4)径向畸变强度 RDI

表征第 i 个环的平均总压与整个面的平均总压之间的关系:

$$RDI = \left(\frac{\Delta PR}{P}\right)_i = \frac{P_{F,AV} - (P_{R,AV})_i}{P_{F,AV}} \tag{4-25}$$

式中：$P_{F,AV}$ 为面平均总压；$(P_{R,AV})_i$ 为第 i 环平均总压。

5）周向总压畸变指数 $K\theta$

表征周向压力分布的谐波特征以及畸变强度：

$$K\theta = \frac{\sum\limits_{i=1}^{n} \left[\left(\frac{A_N}{N^2}\right)_{\max}\right]_i \frac{P_{F,AV} A_i}{q_{F,AV} D_i^y}}{\sum\limits_{i=1}^{n} \frac{A_i}{D_i^y}} \tag{4-26}$$

式中：A_N 为测环中压力沿周向分布函数的 N 阶复谐波系数；$q_{F,AV}$ 为面平均总压和动压头；D_i^y 为测环位置直径的加权因子，y 由试验数据确定。

6）径向总压畸变指数 KRA

表征测环平均总压与全流场面平均总压的相对差值：

$$KRA_2 = \frac{\sum\limits_{i=1}^{n} \left[\frac{\Delta P_{AV}}{P_{F,AV}}\right]_i \frac{P_{F,AV} A_i}{q_{F,AV} D_i^y}}{\sum\limits_{i=1}^{n} \frac{A_i}{D_i^y}} \tag{4-27}$$

$$\left[\frac{\Delta P_{AV}}{P_{F,AV}}\right]_i = \frac{P_{F,AV} - (P_{R,AV})_i}{P_{F,AV}} \tag{4-28}$$

式中：D_i^y 为测环位置直径的加权因子，y 由试验数据确定。

除本节中列出的畸变指标外，还有英国 RR 公司提出的畸变系数 $DC60/DC90$，美国 GE 公司提出的畸变指数 DI、周向畸变指数 IDC 和径向畸变指数 IDR 等畸变指标，读者可根据实际试验需求自行查阅相关文献。

2. 畸变图谱

畸变图谱是压气机进气畸变试验中，利用探针梳测得的稳态总压、动态总压数据、紊流度和畸变指数分布等数据图谱，能够更加直观地显示出压气机进气气动界面 AIP 的流场畸变特性，如图 4.40 和图 4.41 所示。

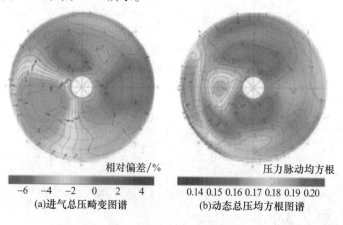

(a)进气总压畸变图谱   (b)动态总压均方根图谱

图 4.40　进气总压畸变图谱与动态总压均方根图谱[9]

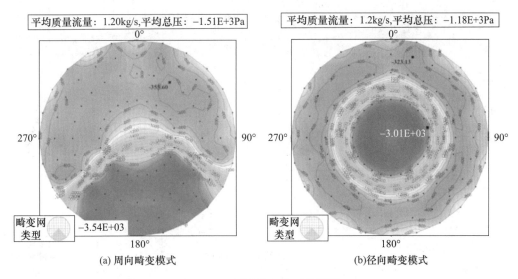

图 4.41　不同畸变类型图谱[10]

图 4.42 所示为进气畸变影响的一级转子下游气动参数分布曲线。在流量系数为 0.50 时采集参数。从图 4.42(a)中可以看出,入口轮毂径向畸变显著降低了轮毂区域附近的总压力,而叶尖径向畸变则显著降低了叶片叶尖附近的总压(这里用 $0.5PU^2$ 无量纲化后作为总压系数)。从图 4.42(b)所示的速度分布可以看出,轮毂径向畸变降低了轮毂区域附近的速度,增加了壳体壁附近的速度。而叶尖径向畸变正好相反。由于压缩机的转子叶片是叶尖临界的,因此工作主要通过叶尖加载完成。轮毂径向畸变增加了叶尖处的轴向速度,使叶尖流动更平滑,并具有更强的抑制叶尖泄漏流动的能力,因此对叶尖泄漏流有更明显的影响。然而叶尖径向畸变降低了叶尖区域的主流速度,削弱了叶尖间隙中抵抗叶尖泄漏的能力,并最终导致压缩机提前失速。

图 4.42(c)通过测量出口流动角更好地解释了畸变流动对通道分离和堵塞的影响。根据图中所示的速度三角形,如果出口流动角 α 减小,而恒定切向速度 U 下的相对速度 W 增大,则叶片吸力面的分离减小,这有助于压缩机的稳定运行。如果出口流动角增加,相对速度降低,增加吸入面分离,使叶片通道堵塞,不利于压缩机工作。从图 4.42(c)中可以看出,进气毂径向畸变会降低叶片尖端处的出口流动角,以稳定压缩机,而叶尖径向畸变会增加叶片尖端区域处的出口流角,从而恶化压缩机的内部流动。此外,可以发现,进口轮毂径向畸变有利于叶尖区域流动,并通过增加轮毂附近的出口流动角而加剧轮毂分离,而叶尖径向畸变通过减小轮毂附近的输出流动角而恶化叶尖区域流并改善轮毂分离。

图 4.42(d)进一步补充了图 4.42(c)的结论。显然,进气道毂径向畸变可以加强主流的径向流动,主流主要流向叶尖区域,从而增加叶尖的流量。然而,叶尖径向畸变使主流向下流动,改善轮毂流动,使叶尖流动恶化。因此,通过图 4.42 中的对比分析,可以得出这样的结论:轮毂径向畸变使主流流向叶尖区域,并改善叶尖流动,包括 TLF/MF 接口,从而提高压缩机的功率能力并延迟失速。而叶尖径向畸变使主流流向轮毂区域,进而使叶尖流动恶化,导致压气机早期失速。尽管轮毂径向畸变会恶化轮毂流量,而叶尖径向畸变会改善轮毂流量,但这不足以影响压气机叶尖临界转子的功率容量。

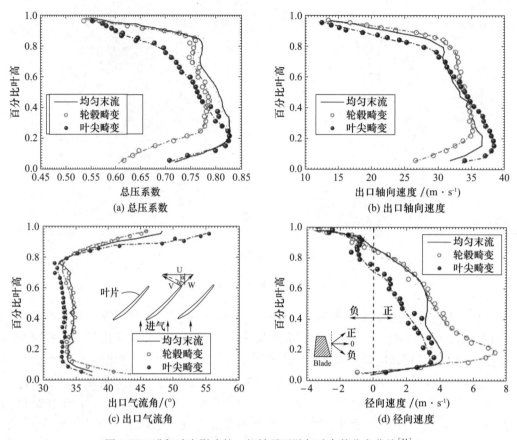

图 4.42　进气畸变影响的一级转子下游气动参数分布曲线[11]

4.4　跨声速压气机气动虚拟仿真实验

4.4.1　虚拟仿真实验技术

随着三维仿真技术、数字技术、信息技术、网络技术等的发展,虚拟仿真实验已经成为现实,并开始广泛应用于各领域。权威人士断言,虚拟现实技术将是 21 世纪信息技术的代表,其具有沉浸性(immersion)、交互性(interaction)和构想性(imagination)等特点,它可以为用户提供一个可以进行交互的三维界面,使用户直接参与并探索仿真对象在所处环境中的作用与变化,产生沉浸感,形成具有交互效能多维化的信息环境。虚拟现实中的"现实"是泛指在物理意义上或功能意义上存在于世界上的任何事物或环境,它可以是实际上可实现的,也可以是实际上难以实现的或根本无法实现的。人可以通过使用各种特殊装置将自己"投射"到这个环境中,并操作、控制环境,实现需要的目的。虚拟仿真实验就是通过信息技术、智能技术与实验教学的深度融合,实现网上做实验和虚拟做实验,为部分高成本、高风险、参与度低的实验提供新的途径,虚拟仿真实验是对实体物理实验的有机补充,在柔性设计、开放服务、高度并行、集成系统、智能化方面具有特殊的优势,可以促进科研生产效率以及教学效果的多维提升。

举例来说,跨声速压气机是先进航空发动机的核心部件,然而跨声速压气机实验平台的高成本、高转速、高危险、失速喘振现象不可控等特点,使得其难以在现实场景中进行实验教学,但该实验教学对于航空动力领域创新型人才培养具有重要作用,因此急需找到一种兼顾实验成本、安全性、教学效果的方法。而当下计算仿真能力、虚拟仿真技术、VR 可视化技术等的快速发展,为建设跨声速压气机失速/喘振虚拟仿真实验提供了技术基础,从而实现在安全可控的前提下提供基于虚拟平台的跨声速压气机失速/喘振深度实践体验。此外,虚拟实验可以与实物常规低速压气机性能实验项目配合,实现"虚实结合""相互补充"及"能实不虚",进一步完善航空叶轮机械综合实验课程的内容体系和维度,如图 4.43 所示。

(a)真实低速压气机　　　　　　　　(b)跨声速压气机虚拟实验

图 4.43　真实压气机实验和虚拟仿真实验对比

4.4.2　跨声速压气机虚拟实验系统技术架构

跨声速压气机虚拟实验依托开放式虚拟仿真实验管理平台,通过数据接口无缝对接,保证用户能够网络访问该虚拟实验,并通过平台提供的智能引导等功能,尽可能帮助用户实现自主的实验,加强实验项目的开放服务功能,提升开放服务效果。开放式虚拟仿真实验平台以计算机仿真技术、多媒体技术和网络技术为依托,采用面向服务的软件架构开发,集实物仿真、创新设计、智能指导、虚拟实验结果自动批改和数据管理于一体,具有良好的自主性、交互性和可扩展性,总体架构如图 4.44 所示。

支撑项目运行的平台架构共分为 5 层,每一层都为其上层提供服务,直到完成具体虚拟实验教学环境的构建。

(1)数据层内,跨声速压气机失速/喘振实验涉及多种类型虚拟实验组件及数据,在数据层分别设置虚拟实验的基础元件库、实验课程库、典型实验库、标准答案库、操作规则库、实验数据库、用户信息库等来实现对相应数据的存放和管理。

(2)支撑层是虚拟仿真实验教学与开放共享平台的核心框架,是实验项目正常开放运行的基础,负责整个基础系统的运行、维护和管理。支撑平台安全管理、服务容器、数据管理、资源管理与监控、域管理、域间信息服务等子系统。

(3)通用服务层提供虚拟实践教学环境的一些通用支持组件,以便用户能够快速在虚拟实验环境完成虚拟仿真实验。通用服务包括:实验教务管理、实验教学管理、理论知识学习、实验资源管理、智能指导、互动交流、实验报告管理、教学效果评估、项目开放与共享等,同时提供相应集成接口工具,以便该平台能够方便集成第三方的虚拟实验软件进入统一管理。

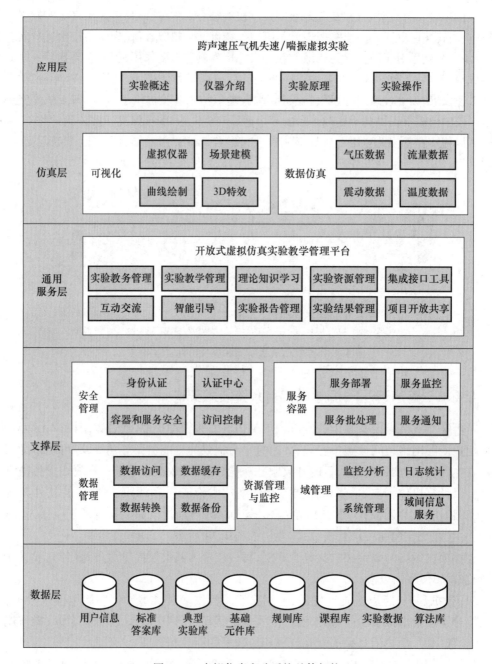

图 4.44　虚拟仿真实验系统总体架构

（4）仿真层主要针对该项目进行相应的器材建模、实验场景构建、虚拟仪器开发、提供通用的仿真器，最后为上层提供实验结果数据的格式化输出。

（5）应用层具有良好的扩展性，可根据教学需要，利用服务层提供的各种工具和仿真层提供的相应仪器模型和实验操作规则，进行跨声速压气机失速/喘振实验，最后开展实验教学应用，主要包含实验概述、仪器介绍、实验原理学习、实验操作和数据结果分析等子应用。

4.4.3　西北工业大学跨声速压气机虚拟实验平台

西北工业大学跨声速压气机失速/喘振虚拟仿真实验平台如图 4.45 所示,是基于团队多年在压气机领域科研积累开发的虚拟实验系统。自实验项目正式建设完成以来,在教学科研以及多个行业单位进行了测试使用,具有良好的使用效果。该虚拟实验的核心要素仿真主要包括高保真模型、虚拟增强场景、数据模型驱动和误差配置。

图 4.45　西北工业大学跨声速压气机失速/喘振虚拟仿真实验平台

1. 虚拟实验场景模型高保真

跨声速压气机失速/喘振虚拟实验,采用三维虚拟仿真技术构建设备模型及实验流程,仪器设备和实验部件按照真实仪器原型进行建模,仿真度达 95% 以上。某单级跨声速压气机保真数字模型如图 4.46 所示。通过虚拟增强现实的第一视角可以漫游到任何空间位置以及触摸仪器设备,实验过程中会配合声-光-振效果等多感觉拟真,犹如身临其境进行实验操作,实景仿真度 90% 以上。该实验高保真虚拟场景如图 4.47 所示。

图 4.46　某单级跨声速压气机保真数字模型

图 4.47　跨声速压气机失速/喘振虚拟实验场景

2. 虚拟仪器采集高保真

本虚拟实验在跨声速压气机周向机匣壁面设置了 8 个虚拟高频响应动态压力传感器，根据实验和仿真的信号数据驱动来测量压气机叶顶动态压力波动，用以采集分析失速/喘振实验过程中的叶顶动态压力变化规律并可进行失速团的周向发展的分析。通过虚拟实验中的可视化手段，实现在现场实验无法观察的压气机内部失速团周向发展现象。图 4.48 为西北工业大学跨声速压气机失速/喘振虚拟实验获得的可视化流动和信号采集效果展示。

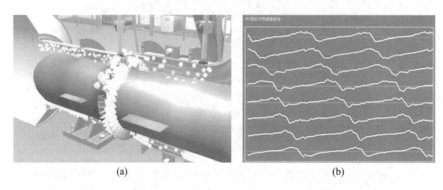

(a)   (b)

图 4.48　失速团传播可视化(a)和失速先兆信号虚拟采集实现(b)

3. 实验过程高保真

紧扣真实跨声速压气机失速/喘振实验原理和操作，通过失速喘振研究数据驱动和模型驱动技术，使得该虚拟实验具备真实实验台一致的失速喘振复现能力和智能学习能力，实验流程和操作仿真度达 95% 以上。失稳形式判别理论是 Moore 和 Greitzer 的二维压缩系统理论模型(M-G 模型)，详见 5.1 节有关失速理论部分。该模型提出了压缩系统失速喘振判别的一个重要无因次参数 B 参数，B 参数越大越容易发生喘振，反之更容易出现旋转失速。

4. 差异化操作保真

通过智能化误差配置设计和置错不可逆特点，用户操作结果差异化和实验结果的差异化，更加符合真实操作跨声速压气机特性测量过程不同实验操作的差异化本质。

4.4.4　跨声速压气机虚拟仿真实验操作

由于跨声速压气机特性以及失速/喘振实验具有一定的复杂性及危险性，在进行实验前非常有必要先对实验目的、原理、仪器的使用及具体操作深入了解，同时对实验中存在的一些危险操作进行充分的认识，达到职业安全素养的形成。本虚拟实验流程包括实验平台介绍视频、引导视频、实验仪器设备和系统认识、软件操作界面介绍、安全知识学习、实验操作、实验数据下载和处理。实验操作中，采用虚拟稳态三孔气动探针测量气流速度、进/出口总压、进/出口静压，通过变频器调节转速，获得不同转速下压气机性能随节流条件的变化规律，进行失速/喘振原理和现象演示，结合叶顶高频动态压力传感器进行失速过程周向时空演化特征。配合动态流动可视化和激波的观察，对现实中高度危险又难以实验观察的跨声速压气机失速/喘振的机理深入认识。虚拟实验操作流程如图 4.49 所示。

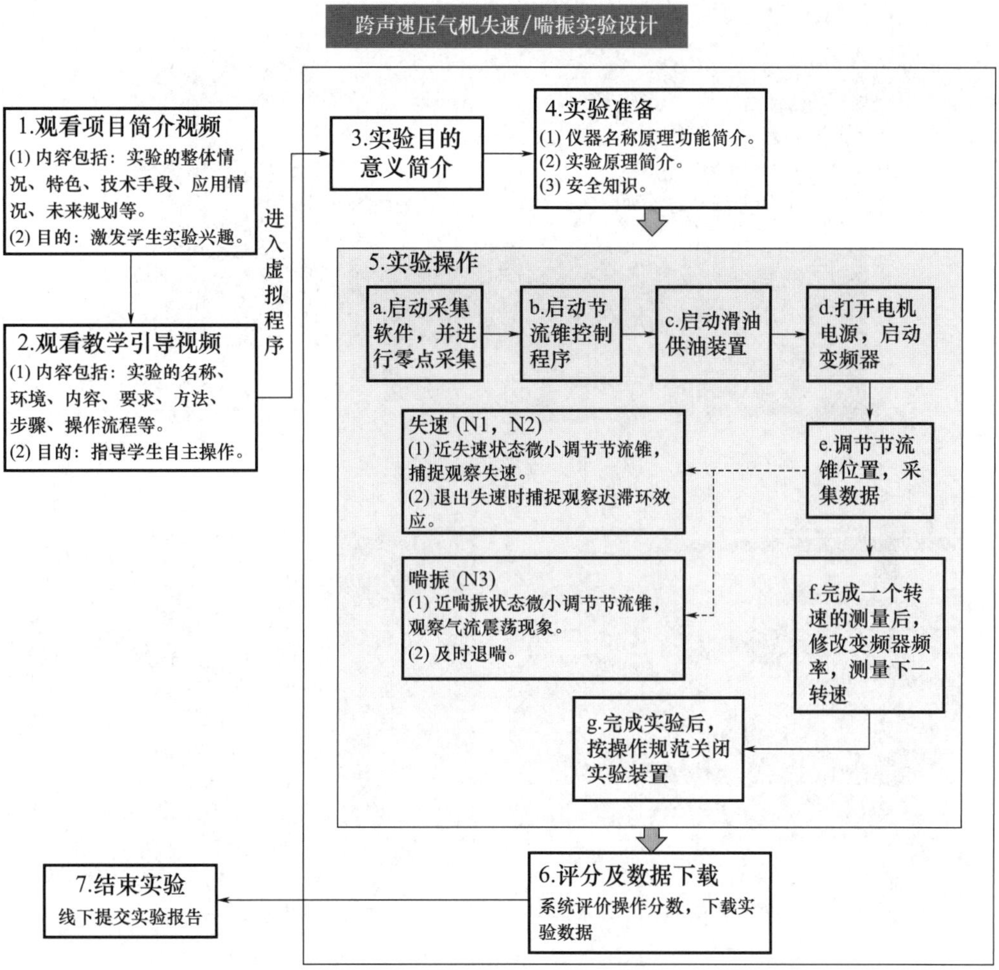

跨声速压气机失速/喘振实验设计

```
1.观看项目简介视频
(1) 内容包括：实验的整体情
况、特色、技术手段、应用情
况、未来规划等。
(2) 目的：激发学生实验兴趣。

2.观看教学引导视频
(1) 内容包括：实验的名称、
环境、内容、要求、方法、
步骤、操作流程等。
(2) 目的：指导学生自主操作。

进入虚拟程序

3.实验目的意义简介

4.实验准备
(1) 仪器名称原理功能简介。
(2) 实验原理简介。
(3) 安全知识。

5.实验操作

a.启动采集软件，并进行零点采集
b.启动节流锥控制程序
c.启动滑油供油装置
d.打开电机电源，启动变频器

失速 (N1, N2)
(1) 近失速状态微小调节节流锥，捕捉观察失速。
(2) 退出失速时捕捉观察迟滞环效应。

喘振 (N3)
(1) 近喘振状态微小调节节流锥，观察气流震荡现象。
(2) 及时退喘。

e.调节节流锥位置，采集数据

f.完成一个转速的测量后，修改变频器频率，测量下一转速

g.完成实验后，按操作规范关闭实验装置

7.结束实验
线下提交实验报告

6.评分及数据下载
系统评价操作分数，下载实验数据
```

图 4.49　虚拟实验操作流程

　　西北工业大学跨声速压气机失速/喘振虚拟实验首先需要用户正确打开不同的仪器设备，才能继续进行实验，如图 4.50 所示。掌握实验设备参数，根据理论知识选择运行转速以及流量改变的规律，通过压气机节流调节结构的位移输入，实现流量参数变化和系统特性测量输出。同时，在转子叶顶机匣布置高频响应压力传感器，测量失速/喘振过程中的叶顶动态压力变化过程，分析失速喘振发展过程。设计开放的操作条件，由用户根据压气机不稳定理论知识，选择转速和流量调节规律，在内置 M-G 数学模型的驱动下，不同用户获得的压气机特性是有差异的，甚至有的用户会无法实现失速和喘振的发生。通过多种虚拟数据显示方法，包括数据曲线、流线图、示踪粒子等，配合实验界面的可视化功能，用户可以更直观细致地观察跨声速压气机失速/喘振发生的特性变化以及不同工作状态跨声速压气机流场形态，激波特征，配合音效和振动效果，通过 VR 第一视觉场景设计增强实验操作真实体验，如图 4.51 和图 4.52 所示。通过该虚拟仿真实验的完整操作，用户能够在安全的前提下通过虚拟仪器进行测量，充分观察和分析跨声速轴流压气机失速及喘振的特性规律和物理现象。

图 4.50 虚拟实验操作界面

(a)流动特征

压升:71612Pa 质量流量:17.9kg/s

(b)气动特性

图 4.51 跨声速压气机失速/喘振的流动特征与气动特性

图 4.52 跨声速压气机失速/喘振报警提示

参考文献

[1] Tan C S, Day I, Morris S, et al. Spike type compressor stall inception, detection, and control[J]. Annual review of fluid mechanics, 2010, 42: 275-300.

［2］Christenson R. J. ,Parker J R. Evaluation of a Rotating Screen System for Producing Total Pressure Distortion at the Inlet of Turbojet Engines,Arnold Engineering Development Center［R］. AEDC,1969：69-171.

［3］Hedges C R. Computational fluid dynamic model of steam ingestion into a transonic compressor［D］. Monterey,California：Naval Postgraduate School,2009.

［4］Lucy B,Reed J. A Survey of turbine engine temperature distortion generator requirements and concept trade study［R］. AIAA,2011：7-8.

［5］程邦勤,王加乐,冯路宁,等. 航空发动机进气旋流畸变研究综述［J］. 航空动力学报,2020,35（12）：2465-2481.

［6］GJB/Z 64A-2004. 航空涡轮喷气和涡轮风扇发动机进口总压畸变评定指南［S］.

［7］SAE ARD 50015-1991. A current assessment of the inlet/engine temperature distortion problem［S］.

［8］SAE ARP 1420-2002. Gas turbine engine inlet flow distortion guidelines［S］.

［9］Beale D,Wieland S,Reed J,et al. Demonstration of a transient total pressure distortion generator for simulating aircraft inlet distortion in turbine engine ground tests［C］. Turbo Expo：Power for Land,Sea,and Air,2007,4790：39-50.

［10］PECINKA J,BUGAJSKI G T,KMOCH P,et al. Jet engine inlet distortion screen and descriptor evaluation［J］. Acta Polytechnica,2017,57（1）：22-31.

［11］LI JICHAO,DU JUAN,LIU YANG,et al. Effect of inlet radial distortion on aerodynamic stability in a multi-stage axial flow compressor［J］. Aerospace Science and Technology,2020,105886.

第 5 章　轴流压气机非定常气动实验

压气机内部流动具有三维非定常的固有特点,特别是存在扰动激励,如畸变等。压气机中的非定常流动现象可能引起稳定性问题,如旋转失速和喘振等,并且可能会引发压气机叶片流致振动、气动噪声现象。许多理论研究均对压气机内部复杂的流动特征进行了不同程度的简化,必然会造成一定的局限性。与此同时,针对压气机内部非稳定流动现象的精细化实验研究对于发展高性能航空叶轮机械显得尤为重要。

本章就几种典型轴流压气机内部非定常流动相关实验案例和分析进行了详细的介绍,由于叶轮机械实验测量基础已在第 1 章进行了详细的阐述,本章中流场相关参数测试原理不再进行详细介绍。

5.1　基于叶顶动态压力测量的轴流压气机失速喘振实验

失速问题一直是压气机设计及使用过程中必须面对的难题,压气机进入失速时性能会大幅度下降,同时可能会引发压气机的喘振或叶片颤振,进而造成严重事故。为了对压气机失速行为进行更深入的研究,通常采用动态压力传感器进行实验,通过动态压力传感器获得转子叶顶机匣壁面非定常压力,从而研究失速扰动的发展过程。

下面研究旋转失速与喘振。

1. 旋转失速

旋转失速本质上是一种压气机不稳定流动现象,其特征是一个速度亏损的流体团(失速团)以转子转速的 15% ~50% 旋转。当发动机的转速保持不变时,随着流量降低,压升增加,旋转失速出现。在旋转失速发生时,若要退出失速状态,可能会存在迟滞现象。迟滞现象,是指从旋转失速中恢复的路径与进入旋转失速不同,如图 5.1 所示。失速分离区相对动叶旋转可用图 5.2 进行解释。压气机靠近失速点时,某个叶片上局部气流攻角增大导致该叶片率先出现分离,随着分离区域的堵塞效应增强,一部分气流溢出该叶片通道从而导致一侧叶片的气流攻角增大,同时另一侧叶片气流攻角减小,失速从而沿叶片排传播。

压气机失速一般分为 3 个阶段:失速先兆出现—失速先兆发展成失速团—失速团完全发展。模态型失速先兆出现在完整的失速团形成之前,是一种大尺度扰动,通常幅值比较小,周向传播速度为 20% ~50% 转子转速,可以在失速前 10 ~100 个转子周期被检测到。虽然模态型失速先兆的发现早于突尖型先兆,如图 5.3 所示,但由于其破坏性较小(可逆向恢复)且在后来的实验中较少出现,因此对于现代压气机更值得关注的是突尖扰动引导的流动失稳。

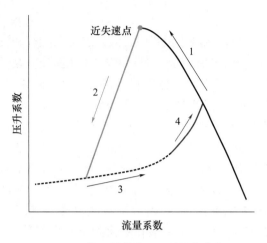

图 5.1 典型的失速过程的性能曲线

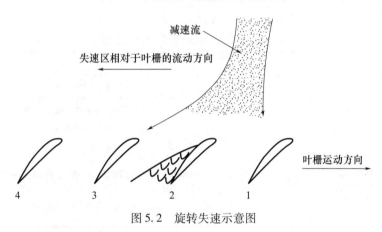

图 5.2 旋转失速示意图

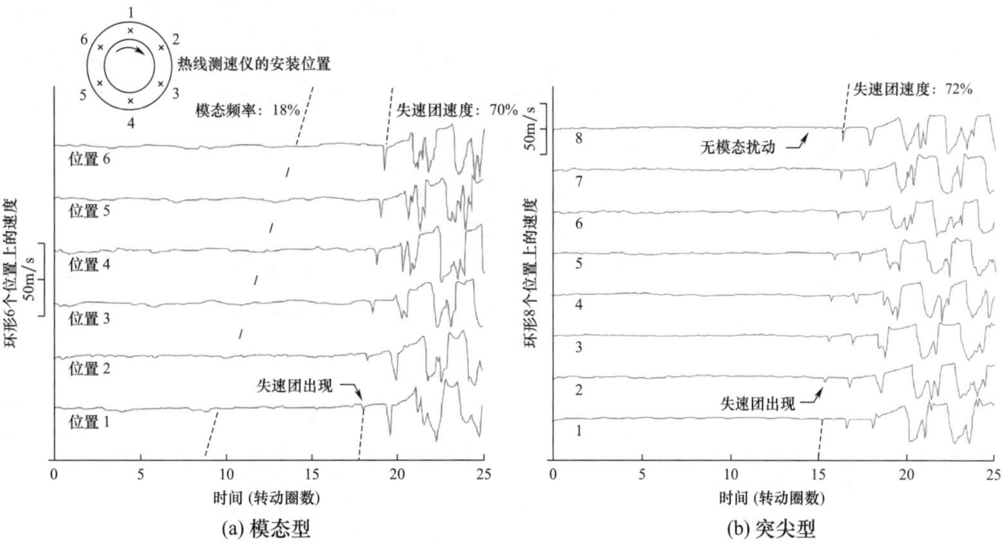

图 5.3 失速先兆及失速团生成示例[1]

2. 喘振

当压气机沿着等转速特性线减小流量时,随着沿叶高失速区的进一步发展,压气机和管路中全部气体的流量和压力将周期性、低频率、大幅度波动。这种频率低、幅度大的气流脉动一旦产生,则流经整个压气机的连续稳定流动被完全破坏,并伴随有强烈的机械振动,压气机的这种不稳定流动称为喘振。喘振的产生不但与压气机本身的气动参数和几何参数有关,而且与整个压气机系统有关。由于在小流量时,气流很容易在叶片背面产生失速分离。当失速叶片数达到一定程度时,增压能力下降,整个压气机通道不能保持增压的动态平衡。它背后的高压气体总是倾向于前冲,当气流的动能不足以克服气流的前冲的倾向时,气流就会倒流。这种逆流消除了前后压差,气流在叶片的推动下又开始正向流动。由于节流状态没有改变,流量低,失速分离再次出现,使后面的高压气体再次排出。这种气柱纵向振荡的频率在试验台上一般在一次到十几次每秒,在发动机中一般为十几次每秒,这主要与压气机系统的容积有关。

喘振与旋转失速的区别如表 5-1 所列。

表 5-1 喘振与旋转失速的区别

喘振	旋转失速
气流脉动的方向沿压气机的轴线方向	气流的脉动沿压气机的轴向传播
流过压气机每个截面的气体流量是随时间变化的,因而这时压气机所需要的功率及压气机的转速是脉动的	流过压气机各个横断面上的气体流量是不变的,因而压气机的转速也是稳定的
流场一般是轴对称的	流场不是轴对称的
气体的振动频率和振幅取决于排气部分容积的大小;振动频率低	气体的振动频率与排气容积关系不大;振动频率高
不是压气机单独的问题,是整个压气机管网系统的稳定性问题,必须联系整个管网系统来分析	属于压气机本身的气动稳定性问题

E. M. Greitzer 对压气机系统(图 5.4)建立了动力学模型[2],分别考虑了压气机管道、节气门管道及收集器内的运动方程及连续方程,并考虑了时间滞后的影响,即考虑从开始出现不稳定气流状态到完全建立一个不稳定的流场需要经历一段时间。通过求解方程组,得出一种简单实用的判别准则——无因次参数 B。

$$B = \frac{u}{2\omega L_c} = \frac{u}{2a}\sqrt{\frac{V_p}{A_c L_c}} \tag{5-1}$$

式中:u 为压气机叶栅平均半径处的圆周速度;ω 为相当于亥姆霍兹型谐振器频率,$\omega = a\sqrt{A_c/V_p L_c}$;$A_c$ 为压气机通流部分环形截面面积;L_c 为压气机环形截面管道长度;V_p 为网管储气箱的容积;a 为声速。

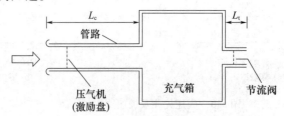

图 5.4 压气机系统动力学模型

在压气机的后面,接有内外径与压气机通流环形截面内外径相等的管道,其后再接一定容积的储气室,组成压气机管网系统。假设压气机、连接管及节流阀等尺寸与储气室相比很小。在这种情况下,压气机管网系统中所发生的气流振荡可以认为相当于一种亥姆霍兹型谐振器中发生的振荡现象。对具体的压气机,A_c 和 L_c 的数值是给定的,判别准则数 B 值的大小取决于 u 和 V_p。当 B 值大于某临界值 B_{cr} 时,产生的不稳定流动现象为喘振现象;当 B 值小于 B_{cr} 时,只产生旋转失速现象,而不导致喘振现象的发生。

5.1.1　实验测量方案

在压气机中,动态参数测量用于诊断非定常流场,包括对进/出口总压、叶顶压力场等多种参数的测量,要实现这些测量需要搭建压气机动态参数测量系统,通常由高频响应动态压力传感器、动态信号测试分析系统、工控机、采集软件及压气机实验台组成。各组件在第 2 章已有详细描述,本章节不再赘述。

1. 实验台介绍

基于西北工业大学亚声速对转压气机试验台,构建了压气机机匣壁面动态压力测量系统,压气机结构、参数和操作原理 4.2 节有详细描述。动态实验测量系统由高频响应动态压力传感器、动态信号测试分析仪、动态信号采集分析软件、工控机组成。传感器响应频率为 20kHz。传感器信号线外侧用金属网包裹,从而屏蔽了环境中的电磁干扰,提高了信噪比。DH8302 动态信号测试分析系统共有 16 个信号采集通道,输出直接采用 USB3.0 将数据传入工控机。

图 5.5 所示为对转压气机动态压力测量实验方案的整体三维布局。压气机进口、出口分别沿周向均匀布置 4 个静压孔,同时测量大气环境压力及温度,然后计算得到进口气流质量流量。出口通过节流锥沿压气机轴向移动来调节流量,节流锥由高精密伺服电动机系统控制,从而保证实验可重复性,同时也提高了对压气机突发性失速扰动产生及恢复的捕捉能力。在转子机匣上安装了 31 个高频响应动态压力传感器用于获得压气机在不同流动工况下的时间序列信息。

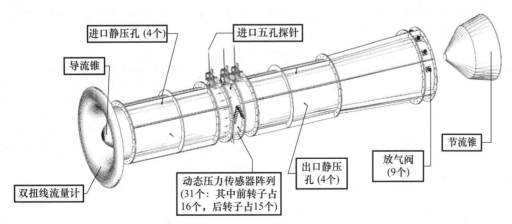

图 5.5　对转压气机动态压力测量方案三维布局

2. 动态压力传感器介绍

该轴流压气机为叶尖失速型压气机,实验中可从压气机内部流动来判断该压气机是否进入失速、喘振工况。主要是通过对压气机转子叶尖的高频动态压力测量。常见的动态压力传感器有美国Kulite公司制造的XCQ-080-5G微型高频动态压力传感器。该传感器属于压阻式传感器,具有体积小(直径仅2mm),灵敏度高,坚固,抗过载能力强,输出稳定性高,输出阻抗低,低功耗等特点。图5.6所示为Kulite动态压力传感器外形与尺寸和压阻传感器原理。压阻传感器由外壳、膜片和引线组成,膜片一般由硅材料制成,也即传感器的核心部分。在膜片上,用半导体工艺中的扩散掺杂法做4个相等的电阻,经蒸镀铝电极和连线连接成惠斯登电桥,再用压焊法与外引线相连。膜片的一侧是和被测系统相连接的高压腔,另一侧是低压腔,通常与大气相连。当膜片两边存在压力差而发生变形时,膜片各点产生应力,从而使扩散电阻的阻值发生变化,电桥失去平衡,输出相应的电压,其电压大小反映了膜片所受的压力差值。

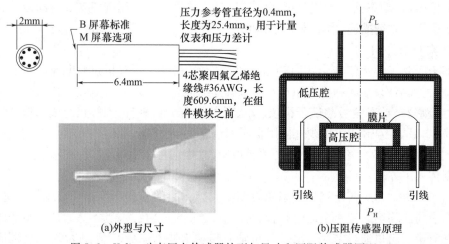

(a)外型与尺寸　　　　　　　(b)压阻传感器原理

图5.6　Kulite动态压力传感器外型与尺寸和压阻传感器原理

从原理上说,传感器在使用前需进行标定,即利用标准仪器产生已知的非电量(如压力、标准力等)作为输入量,输入到待标定的传感器中,然后将传感器的输出量与输入量的标准量做比较,获得一系列校准数据或曲线。本实验使用的动态压力传感器的标定由厂家完成。表5-2列出了该传感器的主要性能指标。

表5-2　Kulite动态压力传感器主要性能指标

名称	KuliteXCQ-080-5G型动态压力传感器
工作原理	惠斯登全桥电介质绝缘硅叠加
灵敏度	19.938~20.614mV/PSI
额定激励电压	10VCD/AC
最大激励电压	15VCD/AC
标定压力	5PSI
最大测量压力	10PSI
满量程输出(FSO)	100mV(额定值)
综合非线性和迟滞	0.1%FSBFSL(典型值)
固有频率(kHz)	300
工作温度范围	−55~120℃

动态压力传感器的安装方式对测量结果具有一定影响。通常对于壁面动态压力的测量,传感器的安装方式有两种,即平齐式方法和针孔式方法,如图 5.7 所示。平齐式方法是直接使传感器薄膜与壁面平齐的安装方式。由于传感器压力感受面具有一定的面积,这种方式会降低测量的空间分辨率,而且由于压气机流道壁面为曲面,这种安装方式会使传感器前部凸出壁面,对流场形成干扰。本文实验采用针孔式的方式安装动态压力传感器,即在所测壁面上开一个 1mm 的小孔,在小孔上方做成一个与传感器直径一致的容腔,将传感器置于这个容腔中感受通过小孔传递而来的脉动压力。但是需要注意空腔固有频率不会影响测量结果。

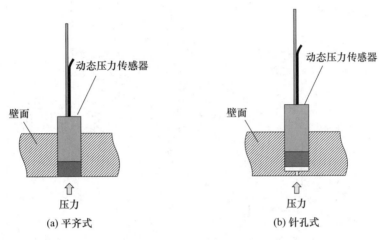

图 5.7　动态压力传感器被测物表面安装方式

3. 信号采集系统

动态压力测量信号的采集系统可进行多通道同步采集。最高采样频率为 100KHz,单通道数据存储器深度为 4MSa/Ch,可对信号进行单次或连续采集。系统的触发方式可选择外触发、内触发、自动触发(软件)3 种模式。采集信号的耦合方式分为交流和直流两种。信号放大模块的增益设置按需要选用信号放大倍数。整个采集系统的输入电压范围为 $\pm 10mV \sim \pm 10V$,输出范围为 $\pm 10V$。在系统的量程范围内,被测压力值与输出电压之间近似成线性关系,即 $V = k \times \Delta p + b$。在正式实验前,设定好信号增益倍数后,整个测量系统还需要进行静态标定。

4. 采集锁相系统

采用动态压力传感器来研究对转压气机中的失速行为,其中快速、高精度的锁相方法是影响该研究的另一关键因素。相比于常规压气机,由于对转压气机中存在不同转速且不同转向的两级转子,以往的锁相方案无法实现对转压气机的锁相需求。由于对转压气机中存在两级转子且分别沿着不同方向以不同速度旋转,因此需要采用两套相同的锁相系统实现两级转子的独立定位,也就是光纤-编码器联合锁相,如图 5.8 所示。

如图 5.9 所示,以第一级转子的采集锁相系统为例,为了实现全转速范围内对某个特定叶片的快速响应、高精度定位,需要将光纤与编码器的优势联合起来。该过程分为 3 个阶段:第一阶段为对独立控制前后转子的工控机统一授时。第二阶段采用光纤锁相,实现在启动时低转速下的叶片位置锁定,具体方法为:首先将某个叶片顶部采用强反光材料标记,如图 5.10 所示,其余叶片采用黑色吸光材料处理。然后在转子叶顶机匣安装一根光纤传感器并连接上适合的光纤放大器,以能够启动的最低转速运行转子。当强反光叶片扫掠过光纤传感器时,光纤放大器输出脉冲,该脉冲输入脉冲计数卡中,通过在上位机运行相应功能的代码即可实现脉冲计数卡的数字输出,从而识别出该强反光叶片的周向实时位置。第三阶段采用编码器锁相,实现高转速下的叶片位置高精度锁定,具体方法为:首先在转子轴上安装编码器,当转子转过 1 圈时编码器发出固定数量的脉冲,从而可根据脉冲数定位转子位置,工作原理如图 5.9 所示。

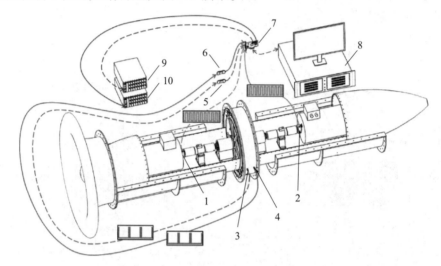

图 5.8　光纤-编码器联合锁相系统在对转压气机中的应用

1—编码器 1;2—编码器 2;3—光纤传感器 1;4—光纤传感器 2;5—光纤放大器 1;

6—光纤放大器 2;7—脉冲计数卡;8—工控机 0;9—信号测试仪 1;10—信号测试仪 2。

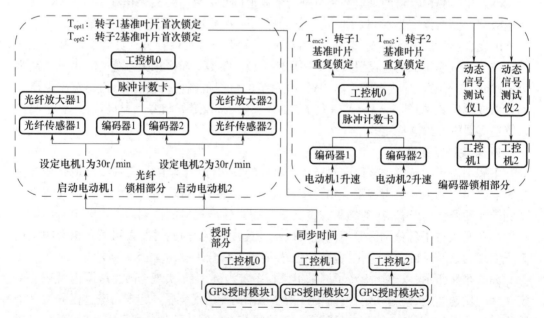

图 5.9　光纤-编码器联合锁相系统硬件组成及工作原理

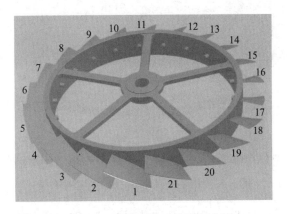

图 5.10 叶片叶顶涂反光材料实例

5. 动态压力阵列布置

图 5.11 和图 5.12 所示为气动探针及机匣壁面动态压力传感器的分布。借助于高精度的采集锁相系统及高频响应压力传感器阵列,对失速扰动发展过程进行动态捕捉。此外,还同时获得对应工况的稳态参数,如质量流量、静压升、流量系数、总静压升系数,扭矩、功率等,该部分与第 4 章连续特性曲线测量实验类似,区别在于:在动态失速捕捉实验中,每个工况下,节流锥的位置是保持不变的,直到该工况下的动态压力数据采集完成,才移动节流锥至下一个流量工况。图 5.11 和图 5.12 所示为采用了 31 个高频响应动态压力传感器,其中 1 ~ 9 号传感器布置在前转子叶顶弦长方向,10 ~ 17 号传感器布置在后转子叶顶弦长方向,1 号及 18 ~ 24 号传感器沿周向均布在前转子前缘平面,11 号及 25 ~ 31 号传感器沿周向均布在前转子前缘平面,前/后转子前缘平面各均匀布置了 8 个动态压力传感器用于测量失速扰动在周向的产生及传播过程。2 个光纤传感器(L_1,L_2)分别位于前/后转子叶片弦长中部,用于执行叶顶采集触发锁相功能。

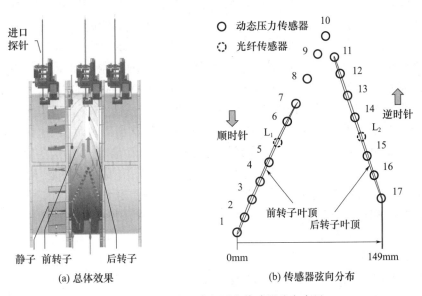

(a) 总体效果   (b) 传感器弦向分布

图 5.11 机匣壁面动态压力传感器弦向布局

(a) 前转子前缘平面传感器布局   (b) 后转子前缘平面传感器布局

图 5.12 机匣壁面动态的压力传感器布局

测量过程首先对前/后转子叶片进行独立标号(1～21),然后在 1 号叶片叶顶涂抹反光材质,在其余叶片叶顶进行涂黑处理,使得 1 号叶片叶顶反光效果显著强于其余叶片。可以采用叶顶光纤传感器(L_1,L_2)辨识出 1 号叶片,再采用编码器对叶片位置进行精细标记,达到前后转子独立锁相采集的目的。

5.1.2 叶顶动态压力数据分析处理方法

傅里叶变换首次实现了将现实世界的复杂信号拆解为一个个易于理解的单频信号,短时傅里叶变换首次描述了频率-能量随时间的变化,小波变换提供了更精细的时间-频率-能量结构,希尔伯特-黄变换革新了频率的定义并最大限度地挖掘了数据中的原始信息,局部均值分解提供了物理意义更明确的数据分析思路。然而,每种方法都存在利与弊,关键在于合理的利用,扬长避短。

这几种时频分析方法又可以分为两类,第一种是具有固定基函数的先验分析方法,例如短时傅里叶变换(STFT)和小波变换(WT),前者采用正弦波作为基函数,后者采用各种有限长度的小波作为基函数。第二种是无固定基函数的自适应分析方法,例如希尔伯特-黄变换(HHT)和局部均值分解(LMD),二者都采用基于数据本来信息的基函数进行信号分解,其中前者可拆分为两步,即经验模态分解(EMD)及希尔伯特变换(HT)。

先验分析方法存在的主要缺点为:受海森堡不确定原理的限制,时间分辨率及频率分辨率无法同时达到最优。自适应分析方法不受海森堡不确定原理的限制,时间分辨率及频率分辨率能同时达到最优值,因此具有更广泛的发展前景。然而自适应分析方法也存在一定的缺陷,例如希尔伯特-黄变换得到的瞬时频率经常会出现负值,这在物理上难以解释。另外,局部均值分解方法对于非光滑的复杂信号通常难以收敛,这些问题限制了自适应分析方法对于自然界复杂非线性非稳定信号的应用。需要指出的是,希尔伯特-黄变换中导致负频率的环节为希尔伯特变换,而 EMD 环节效果通常很好,对于大部分信号都具有良好的鲁棒性。LMD 方法虽然鲁棒性差,但是其在求取瞬时频率过程中物理意义明确,不会产生难以理解的负频率问题。

1. 傅里叶变换

傅里叶变换是最常见的频谱分析方法,自从 1807 年该方法问世,两百多年以来,一直长盛不衰,广泛应用于科学研究与工程实际中。该方法的本质是以正弦波为基函数,将复杂信号展开,其数学表达式为

$$F(f) = \int_{-\infty}^{+\infty} x(t) \, \mathrm{e}^{-\mathrm{j}2\pi f t} \mathrm{d}t \tag{5-2}$$

式中:$x(t)$ 为时域信号,$F(f)$ 为 $x(t)$ 的傅里叶变换。实验中采集到的压力信号为时间上的离散数据,因此采用离散傅里叶变换,数学表达式为

$$Y_n = \frac{1}{N} \sum_{k=0}^{N-1} x_k \mathrm{e}^{-\mathrm{j}\frac{2\pi n k}{N}} \tag{5-3}$$

式中:$x_k = x(k\tau)$,$k = 0,1,\cdots,N-1$;$n = 0,1,\cdots,N-1$。Y_n 为 x_k 的离散傅里叶变换。经常采用的快速傅里叶变换,实质上是 DFT 的一种快速计算方法,核心思想是将整个压力数据序列 $\{x_k\}$ 分割为几个序列,分别作 DFT 运算,再将其合并便可得到整个压力数据序列的离散傅里叶变换结果。

2. 功率谱密度

对于实验采集到的壁面压力波信号,将其看为周期信号,存在功率谱密度,数值上等于傅里叶变换的平方/区间长度,代表了随机信号功率在各个频率上的分布大小。求取功率谱密度通常有两种方法:一种是根据维纳-辛钦定理(Wiener-Khinchin Theorem),功率谱密度等于信号自相关函数的离散傅里叶变换。与傅里叶变换不同,信号的频谱是复数,包含相位信息,功率谱是实数,不包含相位信息,而且当样本改变时,功率谱结果略有不同,因此实际中必须多次求平均才能得到接近真实的功率谱。另一种方法是对压力时域信号做离散傅里叶变换,求取模平方,然后除以时间长度。

3. 小波变换

小波变换是 1974 年由法国工程师 J. Morlet 在处理石油信号时首次提出的,经过 I. Daubechies 的推广,目前已广泛使用在信号分析、地震勘探等领域,被认为是继傅里叶变换之后信号分析领域的重大突破。与傅里叶分析不同,小波变换能够监测信号中各个频率的能量随时间的变化,是一种时频分析方法。对于时域信号 $x(t)$,其小波变换 WT 定义为

$$\mathrm{WT}_x(a,b) = \frac{1}{\sqrt{a}} \int_{-\infty}^{+\infty} x(t) \psi^* \left(\frac{t-b}{a}\right) \mathrm{d}t = \int_{-\infty}^{+\infty} x(t) \psi_{a,b}^*(t) \mathrm{d}t = \langle x(t), \psi_{a,b}(t) \rangle \tag{5-4}$$

其中,a,b 分别代表尺度系数与平移参数,且 $a > 0$,* 表示共轭,该表达式即为连续形式的小波变换(continuous wavelet transform,CWT)。在该式中,$\psi(t)$ 为母小波,$\psi(t)_{a,b}$ 为小波基函数,定义如下:

$$\psi(t)_{a,b} = \frac{1}{\sqrt{a}} \psi \left(\frac{t-b}{a}\right) \tag{5-5}$$

尺度系数 a 用来伸缩母小波 $\psi(t)$,将 $\psi(t)$ 变为 $\psi\left(\frac{t}{a}\right)$,如果 $a > 1$,则 $\psi\left(\frac{t}{a}\right)$ 在时域中的覆盖宽度比 $\psi(t)$ 大,反之当 $a < 1$,$\psi\left(\frac{t}{a}\right)$ 在时域中的覆盖宽度比 $\psi(t)$ 小。平移参数 b 用来确定时间中心位置,如图 5.13 所示,a 与 b 共同决定了小波分析时 $x(t)$ 的时间中心及时域覆盖范围。

连续小波变换存在着一定的限制,其频率分辨率受到 Heisenberg 不确定性原理的限制,该原理的数学表达式如下所示。其中 Δ_ω 与 Δ_t 分别为频域及时域窗口的宽度,可以看

出,时间分辨率与频率分辨率不能同时达到最优。

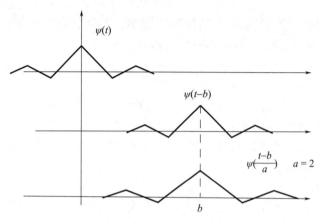

图 5.13　尺度系数 a 及平移参数 $b\psi$

$$\Delta_\omega \cdot \Delta_t \geqslant \frac{1}{4\pi} \tag{5-6}$$

4. 希尔伯特-黄变换

1998 年,N. E. Huang 提出了 HHT(Hilbert-Huang Transform)方法,被美国国家航空航天局认定为"NASA 历史上在应用数学方面最重要的发现之一",适用于处理非稳定非线性信号。该方法包含两部分内容,即经验模态分解(Empirical Mode Decomposition,EMD)与希尔伯特变换(Hilbert Transform,HT)。首先将时域信号采用 EMD 方法分解为一系列固有模态函数(Intrinsic Mode Function,IMF),然后利用 HT 求出各个 IMF 的瞬时频率,最后得到时间-频率-能量的三维图谱,即希尔伯特谱(Hilbert Spectrum,HS)。

信号的各种处理方法之间各有优缺点,使用多种方法来研究同一信号可以更清楚地认识信号的本质,为了综合对比各种方法的特性,表 5-3 给出了傅里叶变换、小波变换、希尔伯特-黄变换的特点对比。

表 5-3　几种信号处理方式的特点对比

变换类型	傅里叶变换	小波变换	希尔伯特-黄变换
基函数	先验	先验	自适应
频率	全局	区域	局部
表现方式	能量-频率	能量-时间-频率	能量-时间-频率
适用于非线性信号	否	否	是
适用于非稳定信号	否	是	是
理论基础	理论完善	理论完善	基于经验

5. 局部均值分解

局部均值分解(Local Mean Decomposition,LMD)方法是由 J. Smith 于 2005 年提出的非稳定非线性信号分析方法。该方法最初应用于脑电信号的分析,经过不断改进,目前已经广泛应用于机械振动故障监测等领域。其核心思想是将复杂非线性非稳定信号分解为多个乘积函数(product function,PF)的和,每个 PF 等于一个特定的包络信号与纯调频信号的乘积。该方法被称为 HHT 的升级,具有广泛的应用前景,关于该方法的计算流程如下所示:

(1)原始信号 $x(t)$ 是一个时间序列,按顺序找出序列中所有的极大值点和极小值点,定义为 n_i,然后按下式求解所有的局部均值 m_i 以及局部包络值 a_i。

$$m_i = \frac{n_i + n_{i+1}}{2} \tag{5-7}$$

$$a_i = \frac{|n_i - n_{i+1}|}{2} \tag{5-8}$$

(2)分别用直线连接相邻的局部均值 m_i 和局部包络值 a_i,再使用滑动平均法或是样条函数插值法进行光滑处理,求出局部均值函数 $m_{11}(t)$ 和局部包络函数 $a_{11}(t)$。

(3)从原始信号 $x(t)$ 中分离出局部均值函数 $m_{11}(t)$,可得

$$h_1(t) = x(t) - m_{11}(t) \tag{5-9}$$

$h_{11}(t)$ 除以局部包络函数 $a_{11}(t)$,可得

$$s_{11}(t) = \frac{h_{11}(t)}{a_{11}(t)} \tag{5-10}$$

$$-1 \leqslant s_{11}(t) \leqslant 1 \tag{5-11}$$

(4)计算 $s_{11}(t)$ 的包络估计函数 $a_{12}(t)$ 来检验 $s_{11}(t)$ 是否为纯调频函数。若 $a_{12}(t) = 1$,说明 $s_{11}(t)$ 已经是纯调频函数,则迭代结束;否则将 $s_{11}(t)$ 作为新的原始信号重复步骤(1)至(3),直到得到纯调频函数 $s_{1n}(t)$ 后停止迭代。

(5)将以上过程中产生的所有包络估计函数相乘求积,可以求出包络信号

$$A_1(t) = a_{11}(t)a_{12}(t)\cdots a_{1n}(t) \tag{5-12}$$

原始信号的第一个 PF 分量可由 $A_1(t)$ 与 $s_{1n}(t)$ 相乘得到

$$PF_1(t) = s_{1n}(t)A_1(t) \tag{5-13}$$

(6)在得到 $PF_1(t)$ 后,令原始信号 $x(t)$ 减去 $PF_1(t)$ 获得新的循环信号 $u_1(t)$。将 $u_1(t)$ 看成新的原始信号继续循环上述流程,在经过 j 次循环之后,$u_j(t)$ 变成单调函数后,算法完成。

此时,原始信号 $x(t)$ 已经被分解成 j 个 PF 分量和一个残余分量 $u_j(t)$ 之和,即

$$x(t) = \sum_{p=1}^{j} PF_p(t) + u_j(t) \tag{5-14}$$

6. 失速研究的两种新方法简介

目前,压气机失速实验研究的方法主要以动态压力的测量为主。然而,在压力信号处理方面,一些新技术和新方法的应用将会使压气机失速预测成为一种可能。下面主要对对称点纹图技术以及相关系数方法做出简单的介绍。

1)对称点纹图技术(symmetrized dot pattern,SDP)

对称点纹图技术是将标准的时间波形映射到极坐标图上的对称点阵图中,图 5.14 展示了 SDP 绘图技术。时间波形中的一个点被映射到径向分量上,相邻的点被映射到角向分量上。

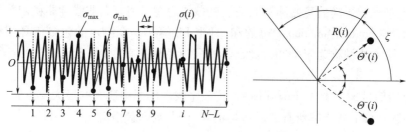

图 5.14　SDP 绘图技术示意图[3]

图 5.15 展示了 100%、50% 和 25% 三种转速下以及正常工况、不稳定工况和旋转失速 3 种不同工况下机匣壁面压力信号的对称点纹 SDP。研究人员可以使用该压力信号的 SDP 图用于判断风扇/压气机是否失速。例如，在设计转速下，正常工作时 SDP 具有特殊形状，在 6 个臂中的每一个末端上都有一个环。这种形状被证明是该工况时特有的，并且可以被视为设计点工作时的基准。不稳定起始时 SDP 半径增加，相应的旋转失速时点覆盖了比先前更大的面积。而在 50% 转速及 25% 转速下，当风扇/压气机从稳定工况向失速工况节流时，SDP 图的角向点分布保持不变，但其半径逐渐减小。图 5.16 则给出了风扇/压气机特性图上的不同工作条件和转速下的对称点纹 SDP 图，可以帮助我们进行更好的理解。

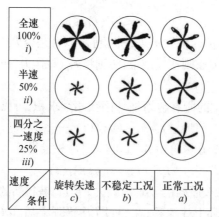

图 5.15　在不同工作条件和转速下被测风扇机匣壁面压力信号的对称点纹 SDP 图

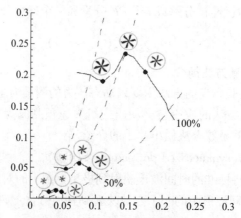

图 5.16　风扇/压气机特性图上的不同工作条件和转速下的对称点纹 SDP 图

2）相关系数法

采用高响应的压力传感器从转子叶片前缘机匣壁测得压力（图 5.17），将一个叶片通道当前时刻与旋转一圈之前相同的叶片通道的压力信号进行比较，并计算它们的相关性，以消除转子叶片的几何形状差异的影响（图 5.18 所示）。该相关性随着逼近失速工况显著降低，基于相关退化程度，失速预警信号可以在实际应用中获得。该方法的主要特点是在突尖波形成以前提供充分失速预警的可能性。

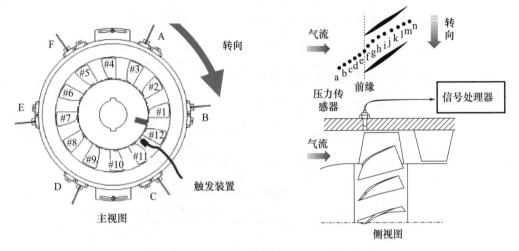

图 5.17　转子前缘周向高频压力传感器测量

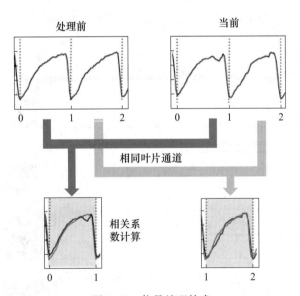

图 5.18　信号处理技术

轴向传感器的位置是失速预警系统的一个重要影响因素。如图 5.19 所示，压力信号在弦长中间附近和下游区域不太明显。在图 5.20 中，转子前缘上游的指数不灵敏。另一方面，直到逼近失速点，前缘附近该指数显示没有退化。因此，转子的前缘附近的位置是最合适的轴向传感器位置。图 5.21、图 5.22 给出了转子的前缘附近周向上压力信号和相关系数随时间的变化。

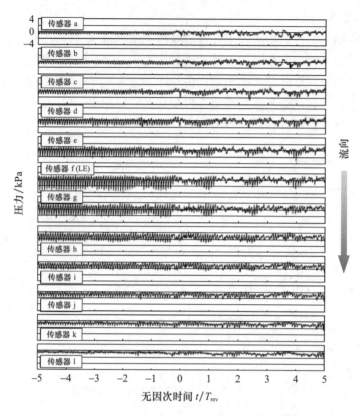

图 5.19　轴向位置上压力信号随时间的变化[4]

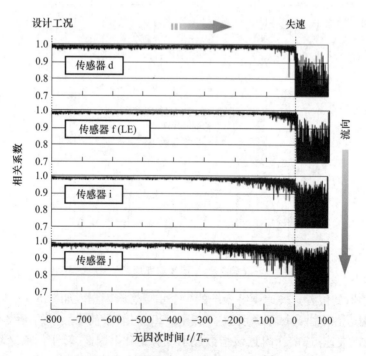

图 5.20　在轴向上失速先兆的发展[4]

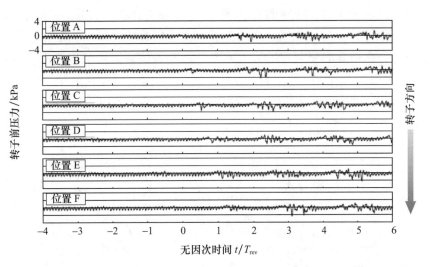

图 5.21　转子前缘附近周向位置上压力信号随时间的变化[4]

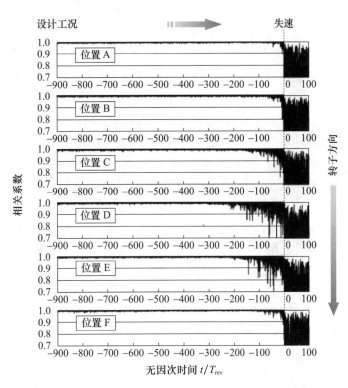

图 5.22　转子前缘附近在周向上失速先兆的发展[4]

5.1.3　动态失速过程精细化捕捉

图 5.23 所示为利用动态压力传感器捕捉到的对转压气机失速起始阶段后转子对应机匣壁面压力波沿周向的传播。图中 n_2 为后转子转速。失速初始扰动首先出现在后转子前缘(25 号传感器)并快速向上游及下游扩张,0.1s 后前转子前缘也检测到了失速扰动并且快速增长为完全发展的失速团。失速团头部与尾部周向跨度为 135 度,传播方向与

123

后转子转向一致。失速团转动周期为0.9s,转子周期为0.075s,因此失速团旋转频率为1.1Hz(约等于转子频率的8.3%)。当失速扰动沿周向旋转过0.8个圆周时,沿弦向分布的传感器阵列首次捕捉到完全发展的失速团。此时各传感器均能检测到显著的压力波动,失速团横跨前转子与后转子。由于弦向传感器阵列存在周向相位差,因此各弦向分布的传感器检测到失速团时间存在微小时间差。

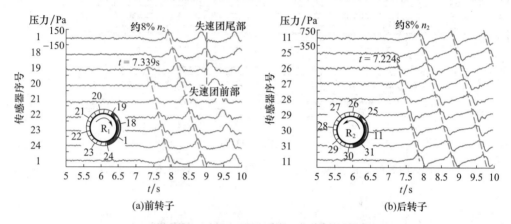

图5.23 失速起始阶段后转子对应机匣壁面压力波沿周向的传播

图5.24所示为失速起始阶段的机匣壁面静压分布,涵盖了从前转子前缘到后转子尾缘的压力随时间的变化。在$t=7.75$s左右检测到一个贯穿前/后转子的高压气团扫过弦向传感器阵列,随后压力骤降至最低,最终逐渐恢复正常。这种高低压交替的大尺度失速扰动起始于后转子,旋转周期小于1s,以8.3%左右的转轴速度沿后转子旋转方向周向传播,造成了压气机性能的大幅降低。值得注意的是,在堵塞比保持不变的情况下,失速团压力分布、旋转速度及尺寸基本保持不变,从而使压气机在完全失速阶段性能参数相对稳定。

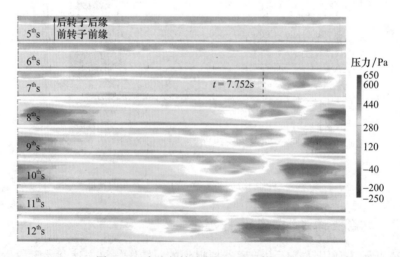

图5.24 失速起始阶段机匣壁面静压分布

图5.25所示为失速完全发展阶段压气机壁面静压分布,覆盖范围为从前转子前缘到后转子尾缘的叶顶区域。失速团在该阶段完全发展,旋转速度较失速起始时有所减缓,旋

转周期已超过 1s,并且不同时刻有微小波动。失速团周向尺度略有增大,并且轴向继续贯穿整个前后转子。与失速起始时相比,失速团压力波动范围基本未发生变化,压气机特性在该阶段相对稳定。

图 5.25　失速完全发展阶段压气机壁面静压分布

图 5.26 所示为失速恢复阶段机匣壁面压力波随时间的变化,该过程出口节流锥位置保持不变。失速扰动衰减前,失速团沿着后转子转动方向旋转,旋转速度为 $0.075n_2$(n_2 为后转子转速),周向尺度为 $135° \sim 180°$。退出失速前 0.2s 时,失速团开始迅速坍缩,旋转速度增加至 $0.18n_2$。退出失速前瞬间,失速扰动旋转速度已提高至 $0.47n_2$,随后迅速消失。当失速团旋转至 1 号传感器位置时前转子率先退出失速,失速团继续快速旋转至 25 号传感器位置,后转子也退出失速,此时压气机流动完全恢复稳定。

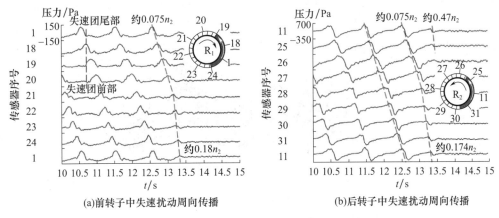

(a)前转子中失速扰动周向传播　　　　(b)后转子中失速扰动周向传播

图 5.26　失速恢复阶段的机匣内壁面压力随时间的变化

图 5.27 所示为失速自动恢复过程中壁面静压分布随时间的变化。压气机退出失速前高低压交替的压力扰动幅值基本不变且沿周向传播周期大于 1s,相比失速起始过程略有减缓。当失速扰动在 13.4s 传播至弦向传感器阵列时,幅值已大幅衰减,扰动极为微弱,之后扰动在整个前/后转子中彻底消失,流动恢复稳定。随着失速团消失,气流分离迅速得到缓解,压气机做功能力急剧增强,从而出口静压迅速提高。同时压气机抽吸能力迅

速增强,进口静压降低,导致流量迅速增加并且进/出口的压升迅速提高。

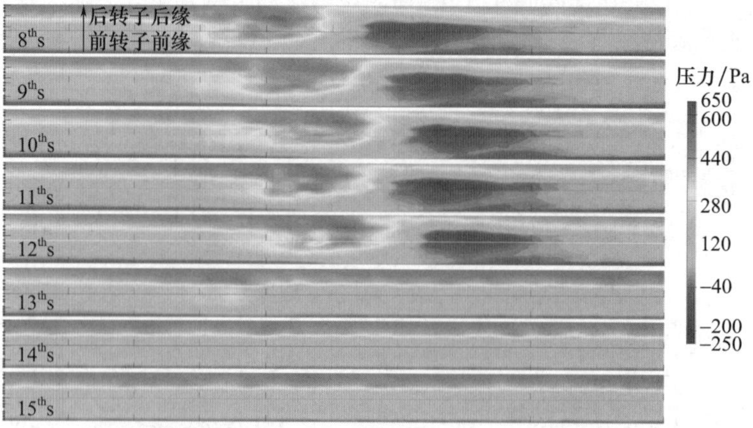

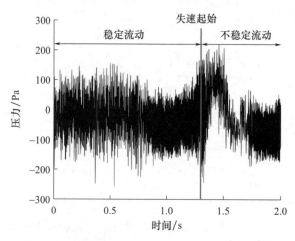

图 5.27 失速恢复阶段压气机机匣内壁面静压分布:覆盖范围为
从前转子前缘到后转子尾缘的叶顶区域

5.1.4 失速过程动态压力信号时频分析比较

本节采用的非稳定流动数据来源于前述低速轴流对转压气机实验台,压力传感器记录下了失速过程中叶顶压力的变化(图 5.28)。该物理过程主要包含两个不同时间尺度的流动信息,一个来源于转子叶片周期性扫过压力传感器产生的压力波动,称为叶片通过频率(blade passing frequency,BPF),大小为 280Hz。另外一个是由流动突然失稳(失速)产生的压力扰动,称为失速频率(stall frequency),大小为 1Hz 左右。压力传感器响应频率为 20kHz,数据采样频率为 5.12kHz,能够足够精确地描述该物理过程。

图 5.28 压气机机匣壁面压力时域信号(采样频率:5.12kHz)

对原始压气机失速压力信号执行 EMD 算法产生了 10 个固有模态函数(IMF)分量,该过程迅速而且有效,充分展示了 EMD 算法的强大的鲁棒性。然而,对原始压气机失速压力信号执行 LMD 算法却遇到了巨大的挑战,整个迭代过程缓慢而且难以收敛,显示了 LMD 算法在应对强非稳定非线性时数据的局限性。由于 EMD 算法产生的 10 个 IMF 分量都是波形对称且光滑的连续函数,刚好适合执行 LMD 算法。因此对每个 IMF 分量执行 LMD 算法,顺利得到了对应的 10 个 PF,即 IMF 与乘积函数(PF)之间存在一一对应的关系,该过程构成了联合 EMD-LMD 算法,其结果如图 5.29 所示。图 5.29(a)是由传感器压力数据得到的经验模态分解结果(IMF$_1$ ~ IMF$_{10}$),图 5.29(b)对应的是局部均值分解分量(PF$_1$ ~ PF$_{10}$),注意 PF$_i$ 是 IMF$_i$ 的局部平均分解分量,纵轴的单位是 Pa。通过对比 IMF$_i$ 与 PF$_i$ 可以发现,PF$_i$ 基本保留了 IMF$_i$ 中包含的所有信息,即 LMD 过程不会导致数据中原有的信息丢失,也不会产生新的虚假信息。联合 EMD-LMD 算法结合了 EMD 的强鲁棒性及 LMD 的明确物理意义,具有应对复杂非稳定非线性数据的强大能力。

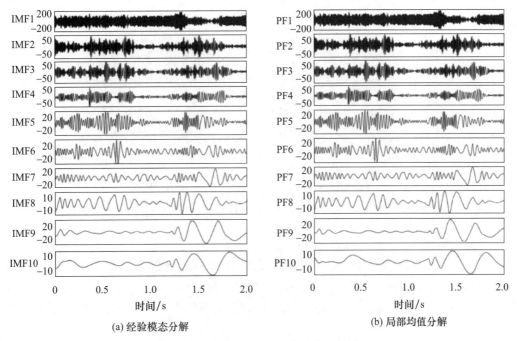

(a) 经验模态分解　　　　　　　　　　　　　(b) 局部均值分解

图 5.29　联合 EMD-LMD 方法处理结果

时间-频率-能量结构能够将时间,瞬时频率和瞬时能量结合在一起展示,方便对比不同时频分析方法的效果。本节对比了 4 种典型的时频分析方法的结果,即小波谱、Wigner-Ville 分布、希尔伯特谱和联合 EMD-LMD 方法的时间-频率-能量结构,如图 5.30 所示。

可以看出来,联合 EMD-LMD 方法在压气机失速数据的时频分析中的优点如下:①与小波分析法相比,该方法可以成功地将低频分量(失速扰动)和高频分量(叶片通过频率)分离出来,从而更清晰地研究失速过程中扰动的出现、发展和演变。②与 Wigner-Ville 分布相比,该方法能够正确识别失速过程中的不同扰动,避免了错误信息的影响,同时,该方法所需的计算量要小得多。③与希尔伯特-黄变换相比,该方法计算出的失速扰动的瞬时频率为正,具有明显的物理意义。

通过将时间-频率-能量结果在不同频段沿时间轴积分便可得到联合 EMD-LMD 的频谱,参考式(5-15),类似于傅里叶频谱。

$$\mathrm{DS}(f) = \frac{1}{T} \int_0^T \mathrm{DS}(f, t) \, \mathrm{d}t \tag{5-15}$$

式中:DS(f)为信号频谱;f 为频率;T 为原始数据的长度;DS(f,t)为信号的时间频率能量

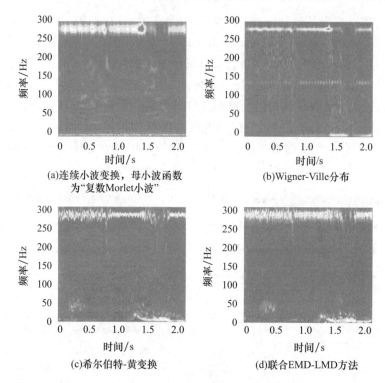

(a)连续小波变换，母小波函数
为"复数Morlet小波"

(b)Wigner-Ville分布

(c)希尔伯特-黄变换

(d)联合EMD-LMD方法

图5.30　对转压气机叶顶动态压力数据的不同时频分析方法的时间-频率-能量结构对比图

结构;t 为时间。

　　原始压力信号的傅里叶变化频谱、希尔伯特-黄变化得到的边界谱及联合 EMD-LMD 方法得到的频谱,如图5.31 至图5.33 所示,频率分辨率统一采用0.5Hz。为了更清晰地展示低频分量,将纵坐标轴放在右侧。傅里叶频谱的幅值与其他两种方法虽然定义不同,但是整体趋势基本一致。傅里叶频谱具有最高的频率聚集性,其次是联合 EMD-LMD 方法,最后是希尔伯特-黄方法。这表明了联合 EMD-LMD 方法在对 IMF 执行 LMD 过程中消除了部分杂波,从而得到了更好的频率聚集性。也正是由于对 IMF 执行 LMD 算法时存在轻微的数据舍弃,因此联合 EMD-LMD 对应的幅值较 HHT 稍微有所衰减,但并不影响该方法对数据信息表达的完整性。

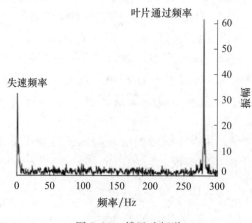

图5.31　傅里叶频谱

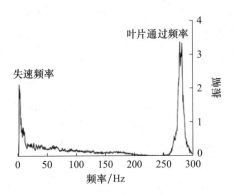

图 5.32　希尔伯特-黄变换对应的频谱

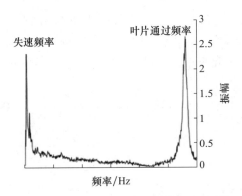

图 5.33　联合 EMD-LMD 方法对应的频谱

5.2　流激振动的叶尖定时测量实验

随着现代航空发动机压气机部件叶尖线速度变高、载荷增大的发展趋势,压气机叶片扭曲度增大,叶身更薄,叶片型面越来越复杂。在压气机运行过程中,叶片受到自身离心力和非定常气流作用,使得叶片更加容易受到振动的影响从而造成疲劳、断裂等故障发生。另外,进气畸变与转子干涉可能使转子叶片的振动水平成倍增加。

5.2.1　叶片振动检测方法

旋转叶片振动检测技术多年来一直受到广泛关注和研究,目前常见的振动检测技术包括接触式应变片法、激光全息法、激光多普勒法以及叶尖定时方法。下面着重介绍叶尖定时这一先进非接触叶片振动测试方法。

1. 应变片法

应变片法基本原理是将电阻应变片(图 5.34)牢固地粘贴在叶片应力较大处,通过测量应变反映叶片振动及应力大小,从而确定叶片的可靠性。应变片法是接触式测量,可以直接反映所附应变片位置处的应变大小,但对安装、引线都具有特殊要求。由于叶片转子高速旋转,还受高温高速气流冲刷,如何合理牢固地贴装应变片和导线,保证应变片寿命,并保证动平衡等,对测量系统可靠性是一个严峻考验。该方法另一个缺点是实验过程中只能同时监测少数叶片,对于转子叶片的实际数量从数百到数千不等,很难在所有叶片上均安装应变片进行振动数据监测。

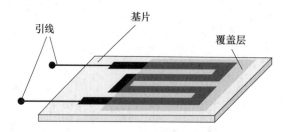

图 5.34　电阻应变片结构图

2. 激光全息法

自 20 世纪 60 年代以来,发展出了一种利用时间平均法或实时平均法对叶片进行全息照相并在全息干板上记录叶片的振动信息的全息照相测振技术。光路系统如图 5.35 所示,干板经处理后用参考光再现,便可得到叶片在某一固有频率下振动的振型图。

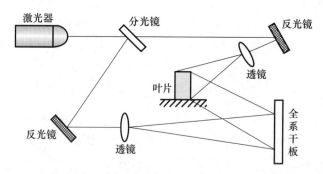

图 5.35　光路系统示意图

全息振动测量具有直观、全视场、准确等优点,可以获得振幅非常小情况下的振动信息,并且频率范围不受限制,可以获得整个叶片表面的振幅分布。但与此同时其也有一定的局限性,例如过分依赖于实验室测量环境,同时为了防止全息干板所示条纹过密而分辨不清,待测叶片的振动振幅不能过大,并且该方法不能提供叶片振动相位信息等。由于使用条件限制,全息振动测量方法难以在叶轮机械领域中得到广泛的应用。

3. 激光多普勒法

激光多普勒法叶片振动测量技术由激光测速技术发展而来,其原理在于探测从振动叶片表面散射回来的反射光的多普勒频移,从而得到叶片振动参数。基本结构如图 5.36 所示,激光多普勒振动计将激光照射在叶盘上,根据叶片经过时的反射光信号即可获取叶片的振动情况。但光路调试繁琐复杂,且对现场环境要求高。

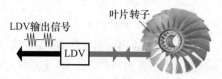

图 5.36　激光多普勒法原理图

4. 叶尖定时法

叶尖定时法(blade-tip-timing,BTT)是基于间断相位法、脉冲调制法而开发的一种非接触式旋转叶片振动传感技术。叶尖定时法通过叶尖定时传感器在叶顶机匣位置处采集信号,感受叶片到来时间的超前或滞后,通过不同算法处理,对该时间序列信号进行数据处理,即可获得相对应的叶片振动信息。

5.2.2　叶尖定时非接触测振实验原理

基于叶尖定时原理的非接触叶片振动测量系统为:多个叶尖定时传感器周向安装在压气机机匣壁面上,并利用光纤传感器采集机匣内通过的压气机转子叶片旋转产生的脉冲信号。由于转子叶片在离心力和气动力的作用下会发生振动行为,所以叶顶运动轨迹相对轮毂转动方向上会向前或向后偏移,从而使得转子叶片叶顶扫过传感器发出的激光产生的实际时间与假设叶片不振动时到达传感器的时间不相等,产生了时间差 Δt。对该时间差信号序列通过不同种类的算法进行处理,即可得到叶片振动位移的信息,进一步可计算出叶片振动的振幅和频率,其基本原理如图 5.37 所示。

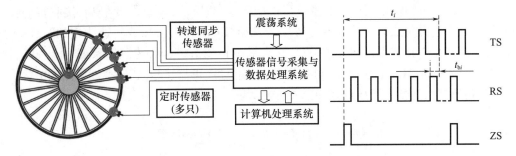

图 5.37　非接触振动测量系统工作原理

图 5.37 中,TS 为叶尖定时信号,RS 为叶根同步信号,ZS 为转速同步信号。假定被测压气机转子叶片数为 n,叶片旋转半径为 R,旋转转速为 Ω,当第 i 个转子叶片经过叶尖定时传感器安装位置时,叶片经过传感器的时间为 t_i,则该转子叶片位置相对于转速同步点的夹角为 $\alpha_i = \Omega \times t_i$,可以求得对应的振动位移为 $y_i = R(\alpha_i - \alpha_0)$。在转速不稳定情况下,引入叶根同步信号可以降低位移换算误差,叶尖定时传感器相对于叶根同步点的时间为 t_{bi},叶尖位置相对于叶根同步点的夹角为 $\beta_i = \Omega \times t_{bi}$,振动位移为 $y_i = R(\beta_i - \beta_0)$(设定没有振动时夹角为 β_0),这样计算可以降低转速不稳定而产生的误差。

光纤式叶尖定时测振具有结构小巧、易于安装、信噪比高、精度高、响应快等优点。但其对于实验环境也有一定的使用要求,位于机匣上的传感器和压气机转子叶片之间缝隙需要洁净透明,尤其需要注意油污类严重影响光路传输的环境因素会对实验测量产生严重干扰,因此实验测量过程中需保持传感器测头端面清洁。

5.2.3　流激振动实验方案

旋转机械流激振动的叶尖定时测量实验系统如图 5.38 所示,主要包括传感器、前置电路、采集卡和计算机。

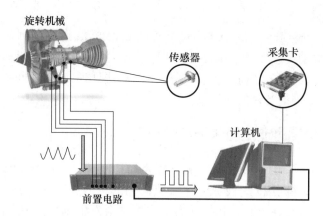

图 5.38　叶尖定时测振系统结构

　　光纤叶尖定时传感器工作原理是通过激光投射至压气机转子叶片叶顶截面,通过感受光路反射信号的变化,进而获取叶片到达的时间信息。叶尖定时传感器主要的作用是通过安装在压气机机匣壁面上,检测转子叶片到达时间,并且将时刻信号输送给后续的信号接收和数据处理模块。光纤传感器结构如图 5.39 所示,主要由发射端、接收端、光纤束、测头几个部分组成。比如某型主要用于发动机叶尖定时测振或转速测量的光纤传感器,探头前段最高使用温度可达 680℃,探头最小直径 1.65mm,传感器长度可至 60m,探测距离 0~15mm,具有响应速度、耐高低温、传输长度、可靠性、安装便携性等方面的优势。该光纤传感器为光学多光纤点式传感器,内部是一组光纤束(1 根发射 6 根接收)。

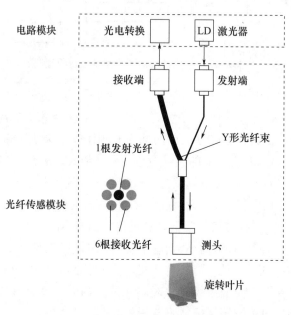

图 5.39　光纤式叶尖定时传感器

　　流激振动实验台压气机机匣壁面光纤传感器安装孔隙和被测转子结构如图 5.40 所示。光纤式传感器可配合延长线进行使用,避免电磁干扰和高温等环境变量的影响,从而保证测振系统中后续环节的有效进行。

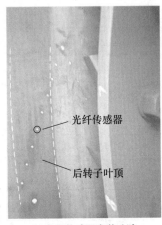

(a)光纤传感器安装孔隙　　　　　　(b)被测转子

图 5.40　压气机机匣壁面叶尖定时光纤传感器安装孔隙和被测转子

　　前置电路的主要功能是为光纤传感器提供光源驱动、进行光电接收与转换。采集卡功能主要包括数字化处理、信号预处理、数据传输。其中数字化处理对定时脉冲信号进行数字化处理,去毛刺、窄化等,用于保证脉冲信号的正确性,还将多通道定时传感器信号相对转速同步信号的时间间隔序列记录下来,并对不同传感器的数据进行编码以便区分。信号预处理主要是将时序信号转换成对应叶片编号的振动位移信号,如图 5.41 所示。

(a) 光电前放　　　　　　　　　　(b) 光电前放

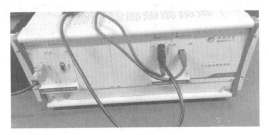

(c) 采集卡

图 5.41　叶尖定时测试设备

　　图 5.42 为坎贝尔图。针对西北工业大学低速对转压气机下游转子叶片,布置转子叶片非接触振动测试实验方案,根据转子叶片计算坎贝尔图,得出需要关注的阶次,如果需关心多个振动阶次,就需要计算每个阶次的响应角度,来验证传感器安装角度位置对每个阶次都具有最少 3 个不同的响应角度。

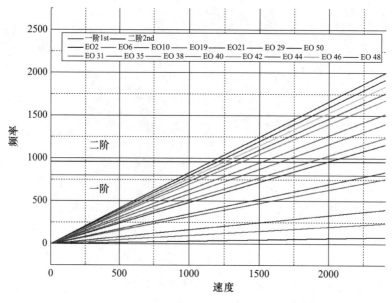

图 5.42　坎贝尔图

5.2.4　流激振动数据分析方法

对于流激振动实验数据处理方法本节主要介绍适用于单只叶尖定时传感器的速矢端迹法和适用于多只叶尖定时传感器的自回归法。其他数据处理方法如双参数法、周向傅里叶法等由于篇幅受限,读者可根据需要自行查阅相关文献。

1. 速矢端迹法

速矢端迹法使用单只叶尖定时传感器通过变频扫描采样叶片的振动相位,从而获取包含更多振动信息的振动数据。速矢端迹法在分析测量叶尖振动位移中是应用最广泛的方法之一,它利用单只叶尖定时传感器通过转子转速的变化对叶片整个共振区进行扫描,获得叶片同步共振的幅值。由于采用单只叶尖定时传感器,故又称为单参数法。该方法主要用来检测叶片同步振动。叶片单频振动位移响应可以写为

$$y(t) = A_0 |H(\omega)| \cos(\omega t - \varphi(\omega) + \phi_0) \tag{5-16}$$

式中:A_0 为外界力产生的位移;ω 为叶片振动频率;ϕ_0 为初始相位。

幅频响应为

$$H(\omega) = \frac{1}{\sqrt{\left[1 - \left(\dfrac{\omega}{\omega_n}\right)^2\right]^2 + \left(2\xi \dfrac{\omega}{\omega_n}\right)^2}} \tag{5-17}$$

相频响应为

$$\varphi(\omega) = \arctan \frac{2\xi\omega/\omega_n}{1 - (\omega/\omega_n)^2} \tag{5-18}$$

对于同步振动,叶片振动角频率 $\omega = N_e\Omega$,其中 N_e 为振动倍频,Ω 为转速角频率。根据叶尖定时测振原理,对叶片经过传感器的时间序列 $\{t_j\}$ 进行分析处理后得到振动参数,其中,j 为转子转过的圈数,$j = 0, 1, \cdots$。当叶片过传感器时,式(5-16)中:

$$\omega t = \int_0^{t_j} \omega \cdot \mathrm{d}t = N_e \int_0^{t_j} \varOmega \cdot \mathrm{d}t = 2\pi N_e j + N_e \alpha \tag{5-19}$$

式中:α 为叶尖定时传感器安装的角度(相对于转速同步传感器)。

将式(5-19)代入式(5-16),令 $\varphi_s = N_e\alpha + \phi_0$,再联立式(5-17)、式(5-18),叶片振动位移响应简化为

$$y = \frac{A_0}{2\xi}\, \frac{\cos\varphi_s + \eta\sin\varphi_s}{\dfrac{\omega}{\omega_n}\left(\dfrac{1}{\eta} + \eta\right)} \tag{5-20}$$

式中

$$\eta = 2\xi \frac{\omega}{\omega_n} \frac{1}{1 - \left(\dfrac{\omega}{\omega_n}\right)^2}$$

如果阻尼系数 ξ 很小,当激振频率等于自然频率时,振幅取得最大值:

$$A_{\max} = \frac{A_0}{2\xi} \tag{5-21}$$

2. 自回归法

自回归法(autoregressive method)是根据自回归原理,利用等夹角分布的多支叶尖定时传感器辨识叶片振动参数。若将单个叶片振动看成单自由度有阻尼模型,其自由振动方程为

$$y'' + 2\xi\omega_n \cdot y' + \omega_n^2 \cdot y = 0 \tag{5-22}$$

假设安装 5 支叶尖定时传感器,如图 5.43 所示,某转速下叶片发生同步振动,各传感器依次测得振动位移值为 y_0、y_1、y_2、y_3、y_4,由于传感器间夹角几乎相等,于是有

$$y' \approx \frac{\Delta y}{\Delta t} = \frac{y_i - y_{i-1}}{\Delta t}(i \text{ 为传感器编号}) \tag{5-23}$$

$$y'' \approx \frac{\Delta\left(\dfrac{\Delta y}{\Delta t}\right)}{\Delta t} = \frac{\dfrac{y_{i+1} - y_i}{\Delta t} - \dfrac{y_i - y_{i-1}}{\Delta t}}{\Delta t} = \frac{y_{i+1} - 2y_i + y_{i-1}}{\Delta t^2} \tag{5-24}$$

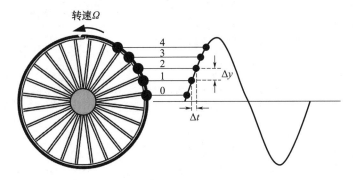

图 5.43　相位差角度象限分布图

将式(5-23)、式(5-24)代入式(5-22),整理,得

$$y_{i+1} + a_1 \cdot y_i + a_2 \cdot y_{i-1} = 0 \tag{5-25}$$

式中:$a_1 = \Delta t^2\omega_n^2 + 2\xi\omega_n\Delta t - 2$;$a_2 = 1 - 2\xi\omega_n\Delta t$。

考虑到实际测量中,传感器测得的位移值包含了振动恒偏量 C,于是式(5-25)改写为

$$(y_{i+1} - C) + a_1 \cdot (y_i - C) + a_2 \cdot (y_{i-1} - C) = 0 \tag{5-26}$$

即

$$y_{i+1} + a_1 \cdot y_i + a_2 \cdot y_{i-1} = (a_1 + a_2 + 1) C \tag{5-27}$$

将上式改写成矩阵形式,有

$$\begin{pmatrix} y_2 \\ y_3 \\ y_4 \end{pmatrix} = \begin{pmatrix} y_1 & y_0 & 1 \\ y_2 & y_1 & 1 \\ y_3 & y_2 & 1 \end{pmatrix} \cdot \begin{pmatrix} -a_1 \\ -a_2 \\ (a_1 + a_2 + 1) C \end{pmatrix} \tag{5-28}$$

可解得自回归系数 a_1、a_2 和振动恒偏量 C,从而求得叶片同步振动频率 ω。再根据共振转速 Ω,即可得到倍频 $N_e = \dfrac{\omega}{\Omega}$。

从前面的坎贝尔图(图 5.42)来看,一阶或者二阶固有频率与 engine order(EO)线相交的位置就是同步振动的点。实际情况当中,并不是每个交点都会有明显的振动现象发生。为了进一步验证坎贝尔图的结果,本实验通过设计进口畸变扰动增加振动概率,先后在无畸变工况、周向 120°畸变和周向 60°工况进行扫频测试,都没有测得明显的振动现象。这是因为增压级转速都在 2400r/min 以下,这与坎贝尔图反映的结果一致,这是因为在设计转速下 EO 线与固有频率线没有相交。接下来对周向 60°十均分的畸变发生器进行测试,如图 5.44 所示,发现了非常明显的振动现象。这里展示了 1 号、4 号、8 号和 16 号叶片扫频过程中的振动幅值等信息,多个叶片同时出现振动现象说明并不是单一叶片的偶发振动。转子 R2 不同叶片相继在转速为 1300r/min 附近发生较大幅值的振动现象。这是因为该转速附近对应的 EO 线与叶片的固有频率极为接近。

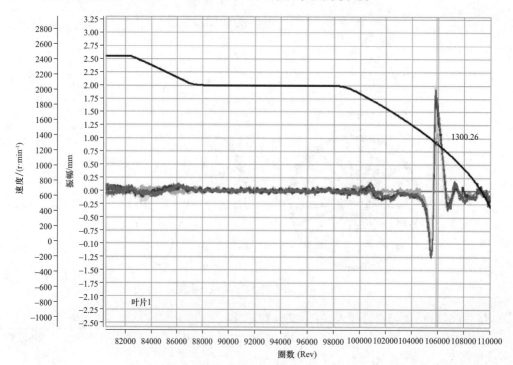

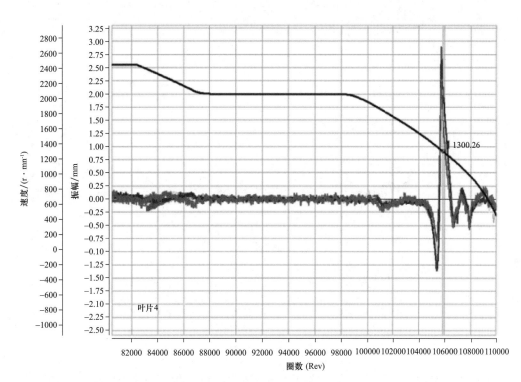

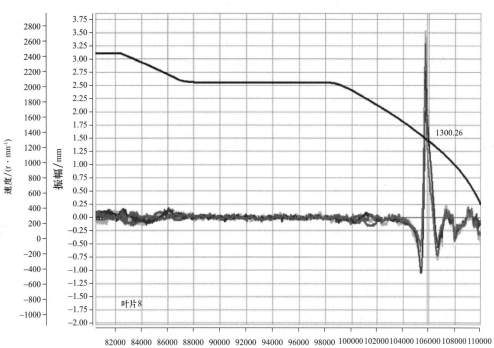

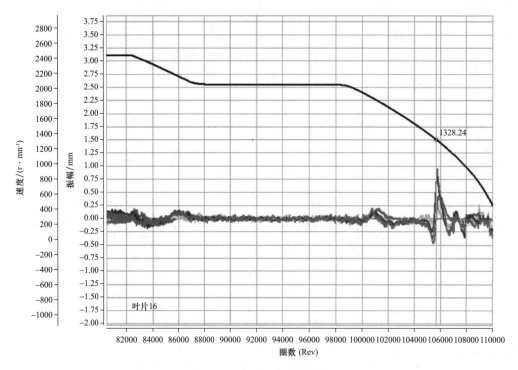

图 5.44　叶片振动测试结果

在此之前使用的两种畸变发生器以及均匀进气都没有激起叶片的振动。这是因为十均分畸变板激发了 10EO 激励阶次的扰动,静子叶片个数为 19 对应 19EO 激励阶次,前转子叶片个数为 21 对应 21EO 激励阶次。畸变发生器与静子前转子共同耦合作用产生了很多阶次的高阶 EO 激励,因此叶片表现出了明显的共振现象,并且振幅较高。由测试结果可知每个叶片都有明显的振幅,只是振幅的大小并不完全一致。所以,这并不是偶然的振动现象而是典型受迫流激振动现象。此外,在图中可以发现很多转速都对应有振动现象。这是因为畸变发生器与静子以及前转子 R1 耦合出现多个高阶 EO 线,其与固有频率线相交多个点都会引起的同步振动,只是幅值较小。

5.3　叶轮机械气动声学实验

叶轮机械气动声学问题的研究可以依靠理论分析、数值模拟和实验研究等研究手段,由于叶轮机械气动噪声源机理极其复杂,声波辐射与流场结构密切相关,各气动声源间还可能存在相互干涉,并且叶轮机械的流场具有非定常和多尺度的涡系作用。因此,叶轮机械气动声学问题的数值模拟及理论分析研究仍面临着极大的困难,实验研究方法是目前研究叶轮机械气动声学问题的重要手段。

本节将介绍叶轮机械气动声学 3 个方面的实验并给出实例参考。

(1)辐射噪声测量:通过对叶轮机械辐射噪声的测量,分析叶轮机械的声学传播特性。

(2)声源定位测量:通过对叶轮机械声学信号的测量,使用波束形成算法对声源位置进行确定。

（3）管道声模态测量：通过对轴流风扇管道内声学量的实验测量，分析其声模态特征。

由于声波具有散射、反射、辐射以及受到外界障碍物屏蔽、隔离等特点，因此叶轮机械气动声学实验对实验环境要求较高，实验环境对测量数据有着较大影响。叶轮机械气动声学的实验测量离不开麦克风传声器，而传声器的灵敏度对实验的测量也有着巨大的影响，因此对传声器的校准是至关重要的。本节先介绍叶轮机械气动声学的实验环境以及校准方法，而后再介绍叶轮机械的辐射噪声测量、声源定位测量以及管道声模态测量，并给出典型的实验案例。

5.3.1　叶轮机械气动声学实验环境

为了认识叶轮机械噪声源的声学特性，研究噪声源的物理机制和降噪方式，要求对叶轮机械及其部件噪声辐射所测量出的声学数据必须是准确的，故叶轮机械噪声测量必须排除外界的干扰和影响，尽量减少反射信号进入传声器，也不能屏蔽或者阻挡声场辐射信号。因此，叶轮机械气动声学实验对实验环境有着一定的要求。

1. 自由声场

自由声场是指在声学实验环境中只有直达声波而没有反射声波的声场。自由声场是理想存在的，在现实当中十分难以达到，因此在实际工作当中只能使反射声场尽可能地小，使之与直达声波相比可以忽略不计以接近自由声场。在自由声场中进行叶轮机械气动声学实验能够获得准确的实验数据。自由声场可以通过两条途径实现：一个是室外地面台架；一个是消声室。接下来便对这两个环境进行简单介绍。

1）室外地面台架

叶轮机械室外地面台架实验需要将所要测量的叶轮机械安装在地面试车台上运行，进行噪声测量实验。这要求实验场地开阔，地势相对平坦，而且不存在明显影响噪声测量的建筑物或者障碍物。由于实验环境十分空旷，大大减少了声波的反射，从而能够获得准确的实验数据。图 5.45 所示为国外某航空发动机室外地面噪声实验台架。

(a)远景　　　　　　　　　　　　　　　　(b)近景

图 5.45　国外某航空发动机室外地面噪声实验台架[5]

2）消声室

消声室通过对室内 6 个表面铺设吸声系数特别高的吸声结构，减小声波的反射从而接近自由声场。在这种房间内，仅有来自声源的直达声波，既没有各个障碍物的反射声，也没有来自室外的干扰噪声。消声室的吸声结构通常采用尖劈、穿孔底板等共振腔结构。

2. 声学风洞

声学风洞就是有气流的消声室，有着低噪声及低湍流度的特点，并有着开口实验段。声学风洞既有着常规风洞的特点（有着适当的气流马赫数、雷诺数以及高品质流场）；又具有声学实验的要求(满足自由场条件,并具有足够的尺寸以满足进行远场噪声测量,具有非常低的实验段背景噪声)。图 5.46 所示为中国空气动力研究与发展中心(CARDC)的 0.55m×0.4m 气动声学风洞及消声室。

(a) CARDC声学风洞   (b) 消声室及开口实验段

图 5.46　声学风洞和消声室示意图

5.3.2　叶轮机械气动声学传声器校准方法

气动声学测量方法都是用传声器来采集声压信号。传声器是一种将声压信号按一定比例转换成电压信号的声学测量元件。在噪声测试领域常用的传声器主要包含 3 类:电容式传声器、电动式传声器和驻极体传声器。其中电容式传声器具有灵敏度高、频率响应平直、固有噪声小、受电磁场和外界振动影响小等显著特点,目前多用于声学精密测量。电容式传感器是由固定电极(后板)和膜片构成一个电容,将一个极化电压加到电容的固定电极上,当声音传入时,振膜随声波的运动发生振动,此时振膜与固定电极间的电容量也随声音而发生变化,极板上的电荷量也会发生变化,变化的电荷流过外负载电阻,在负载电阻上就会产生一个与声波同规律的电压降,从而实现了声能-电能的转换。某型 1/2 英寸预极化自由场传声器及内部结构如图 5.47 所示,该传声器的有效频率范围为 20Hz ~ 20kHz,动态范围为25 ~ 146dB,工作温度范围为 − 20 ~ + 80℃,开路灵敏度为 12.5mV/Pa。其传声器灵敏度响应频率如图 5.48 所示。实际使用中,传声器的灵敏度等性能指标会随环境温度、湿度、气压等参数的变化而在其出厂指标附近波动。因此,为了能够准确测量声压,需要在每次测量开始前采用声级校准器对所有传声器进行标定。

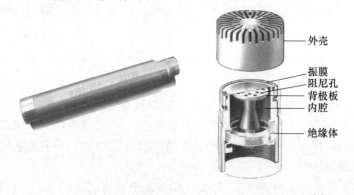

图 5.47　某型 1/2 英寸预极化自由场传声器及内部结构[6]

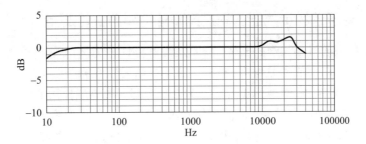

图 5.48　某型传声器灵敏度响应频率[7]

　　实验室用标准传声器的绝对校准采用互易法,互易法包括耦合腔互易法和自由场互易法。耦合腔互易法用来校正传声器声压灵敏度,而自由场互易法用来校准传声器的声场灵敏度。耦合腔互易法可以达到较高的准确度,国际标准化组织建议采用这种方法作为传声器绝对校准的国际标准。在耦合腔互易法校准中,可以采用 3 个传声器,其中两个传声器必须是互逆的,或者采用一个辅助声源和两个传声器,其中一个传声器必须是互逆的。以第一种方法为例,用两个传声器耦合到耦合腔,其中一个用作发声器,另一个用作接收器,由接收器的开路输出电压和发声器的输出电流的比值,可以推导出计算两个传声器的声压灵敏度乘积的公式。如果互换传声器,进行 3 组测量并比较测量结果,就可以求出每一个传声器的声压灵敏度。具体校准方法可参考(International Electrotechnical Commission)IEC-R327(1971)[8],该方法校准的准确度和测量系统的准确度有关。如果对各项因素保证给定的准确度,则总的校准准确度在低频和中频时大约可达 0.05dB,随着频率增高,校准准确度降低,到 10kHz 时大约下降为 0.1dB。图 5.49(a)所示为 Brüel 和 Kjaer 公司的 BK4221 高声压耦合比较校准仪(采用耦合腔互易法对传声器进行校准)。

　　传声器的自由场灵敏度校准则要在消声室内进行,通常采用自由场互易法。校准方法与耦合腔法类似,待校准的传声器不必是可逆的,但需要使用一个辅助的可逆换能器,自由场互易法校准的准确度与测量系统有关。具体校准方法参考 IEC-R486[10]。如果能保证电容传声器极化电压的准确度为 0.05%,空气密度数值的准确度为 0.1%,频率的准确度为 0.1%,距离的准确度为 0.5%,空气衰减的准确度为 0.02dB,则总的校准准确度在中频时大约为 0.1dB;随着频率增高,准确度就下降,到 20kHz 时,准确度大约为 0.2dB。图 5.49(b)所示为用 Brüel 和 Kjaer 公司的 BK5998 自由场互易校准仪(采用自由场互易法对传声器进行校准)。

(a) BK4221高声压耦合比较校准仪　　　　(b) BK5998自由场互易校准仪

图 5.49　传声器校准仪器[9]

5.3.3 基于远场传声器的涵道风扇辐射噪声实验测量

对于叶轮机械的气动噪声,习惯上按照其频谱特性分为离散噪声和宽频噪声——流体压力的周期性脉动形成离散噪声,随机性脉动则激发宽频噪声。对于航空发动机的压气机、风扇及涡轮等系统,噪声源主要表现为叶片与湍流边界层作用形成的强烈偶极子噪声源,其一方面来源于叶片尾缘(形成尾缘自噪声),另一方面来源于上游叶片尾迹和下游叶片之间的干涉(形成上下游干涉噪声)。本实验案例是通过远场麦克风测量某涵道推进器风扇的辐射噪声特征,来认识其噪声机理。

1. 涵道风扇噪声实验

本实验对象选取某小型推进器的对转涵道风扇,涵道风扇的噪声主要通过涵道进口和出口向外辐射。本部分主要给出了涵道风扇进口声学辐射测量特征。模型支撑系统采用常规杆式结构,支撑杆外敷设一层吸声衬,防止声反射对测量结果产生影响。图 5.50 所示为涵道风扇模型。

(a) 斜视图   (b) 正视图

图 5.50 涵道风扇模型

为了测量涵道风扇模型的辐射噪声特性,以涵道风扇模型的唇口中心为圆心,在半径为 1m 处布置 4 个远场麦克风,各传声器间隔为 30°,如图 5.51 所示。

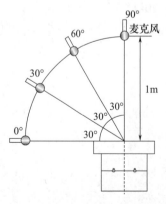 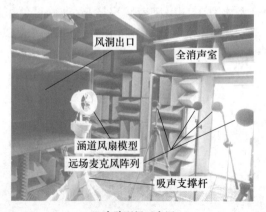

(a) 麦克风相对涵道风扇位置示意图   (b) 实验现场示意图

图 5.51 远场麦克风测量位置示意图

2. 测量结果处理

实验过程中,数据采集系统记录的是传声器响应的电信号,需要根据实验前传声器的校准结果将电信号转换为声压信号。用时域分析方法难以去研究涵道风扇模型的辐射噪声传播机理,故需要采用功率谱密度(PSD)将时域信号转换为频域信号。

1)频谱分析

首先将传声器的时域信号分为不重叠的长度为 T_B 的数据块,然后对每一个数据块进行功率谱变换(PSD),那么数据块的离散 PSD 为

$$p_m(f) = \frac{2}{N} \sum_{n=1}^{N} p_m(n) e^{-2\pi i f n \Delta t} \tag{5-29}$$

对应的分析频率为

$$f = \frac{k}{N\Delta t}, k = 1, 2, \cdots, \frac{N}{2} - 1 \tag{5-30}$$

式中:m 为第 m 个传声器对应的物理量;N 为一个数据块所包含的采样数;Δt 为采样周期。

2)窗函数

当运用计算机实现测试信号处理时,不可能对无限长的信号进行测量和运算,而是取其有限的时间片段进行分析。具体做法是从信号中截取一个时间片段,然后用截取的信号时间片段进行周期延拓处理,得到虚拟的无限长信号,再进行傅里叶变换和相关分析。无限长信号被截断后,其频谱发生了畸变,称为频谱能量泄漏。为了减少频谱泄漏,可采用不同的截取函数对信号进行截断,截断函数称为窗函数,简称为窗。

本实验采用 hanning 窗,hanning 窗函数为

$$w(n) = \frac{1}{2}\left[1 - \cos\left(2\pi \frac{k}{N-1}\right)\right], k = 1, 2, \cdots, N-1 \tag{5-31}$$

加窗函数后的功率谱变换为

$$P_m(f) = \sum_{n-1}^{N} w(n) p_m(n) e^{-2\pi i f n \Delta t} \tag{5-32}$$

图 5.52 所示为测量的涵道风扇模型不同位置处功率谱变换后的声压级频谱图。在不同的差速匹配中,对转风扇总声压级随转速增加而增加。因为随风扇转速增加,转静干涉强度增强,导致声压提高。根据管道声学理论,对转风扇的频谱不仅包括第一级和第二级转子的旋转频率及其谐频,也包括由转子对转引发的新单音噪声。设第一级转子具有 B_1 个叶片,转速为 N_1,对应的单音基频为 $f_1 = B_1 N_1$,其谐频为 $n_1 f_1$。设第二级转子具有 B_2 个叶片,转速为 N_2,对应的单音基频为 $f_2 = B_2 N_2$,其谐频为 $n_2 f_2$。除此之外,对转风扇单音噪声频率也包括 $f = n_1 f_1 + n_2 f_2$,其中 n_1、n_2 为正整数。对转风扇模态为 $m = n_1 B_1 - n_2 B_2$,观察图中的单音频率基本符合分析。随转速增加,宽频噪声的声压分布也在逐渐升高。而在 $500 \sim 5500\text{Hz}$ 范围内,$9000 \sim 8000\text{r/min}$ 转速匹配工况的声压级高于其余工况,说明在该差速工况下的尾迹湍流干涉更严重,带来更强的宽频噪声。为了降低宽频噪声,需要合理调控前后转子转速。

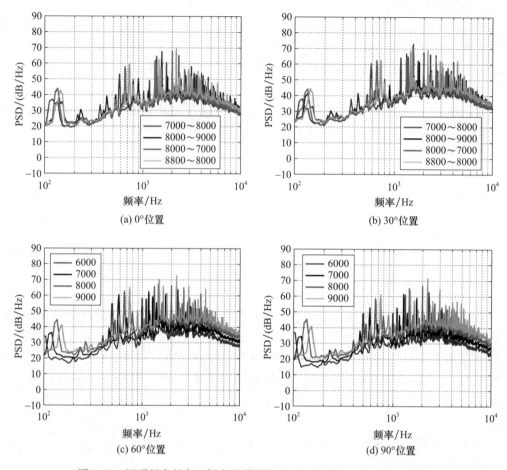

图 5.52 涵道风扇的各远场声测量处的声压级频谱(6000~9000r/min)

5.3.4 基于波束成形算法的声源定位测量

1. 麦克风阵列声源识别技术的基本原理

不同声源类别会产生特定的声波信号,声波按照一定的规律在空间形成声场。单个麦克风可以测得声场中任意位置点的声压时间历程,这个时间历程度量了在传声器位置处大气压力脉动的大小,但不能从中获得更多的声源信息。通过使用麦克风阵列测量技术,由多个在空间确定的位置上排列的一组麦克风去测量声源信号,由麦克风阵列测量出来的声场信号经过特殊的数据处理,可以得到更多的相关声源信息。

如图 5.53 所示,麦克风阵列记录了空间的一个声场信号 $f(x,t)$,它包含了要测量的某个信号 $q(x,t)$ 和不需要的信号 $p(x,t)$,即 $f(x,t) = q(x,t) + p(x,t)$。通过对麦克风阵列中每个麦克风记录的信号 $y_i(t)$ 采用合适的数据处理方法进行处理,便可以从声场信号 $f(x,t)$ 中分离出 $q(x,t)$ 的有关信息,包括声源位置、声压级大小、频谱特性等重要信息。因此,麦克风阵列测量技术需要结合一定的数据处理算法才能得到需要的结果。

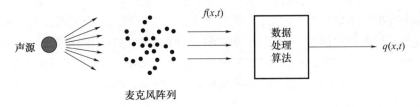

图 5.53　麦克风阵列信号处理原理

2. 麦克风阵列数据处理算法——波束成形

传声器阵列采集到声源信号之后,对传声器阵列所采集到的数据处理是一项非常重要的工作,波束成形算法主要基于对麦克风获得的声信号的"延迟、求和"处理,进而确定发声源。波束成形算法具有计算速度快、鲁棒性好和直观等优点,可适用于静止和运动介质内的噪声源远场测量,对于运动着的叶轮机械而言,在时域进行处理的波束成形算法比在频域处理得更加快捷和简便。下面将以二维平面麦克风阵列为例简单介绍波束成形算法。

假设声源在发射声波时刻 t_h 的空间位置为 (x_h, y_h, z_h),声波到达麦克风阵列的第 i 个麦克风的时间为 $t_h + t_{pi}$,其中 t_{pi} 是声波从声源传播到麦克风位置 (x_i, y_i, z_i) 所需的时间。麦克风接收到声波的时间与声源发出声波时间的关系是

$$t = t_h + t_{pi} \tag{5-33}$$

取空气的声速为 c,传播时间 t_{pi} 可由下式得到

$$t_{pi} = \frac{r_i}{c} \tag{5-34}$$

式中:r_i 为麦克风阵列聚焦的声源点与第 i 个麦克风在声源声波发射时刻 t_h 的空间距离。对于每个聚焦的声源点而言,r_i 和 (x_h, y_h, z_h) 都是随时间变化的函数。

麦克风阵列中第 i 个麦克风记录的声压信号 $p_i(t)$ 是接收时间的函数,在数据处理过程中,为了消除多普勒效应的影响,麦克风信号要以麦克风阵列聚焦的声源点的发声时间 t_h 为函数进行数据处理,基于时域延迟与求和的波束成形原理,麦克风阵列聚焦的声源点在发声时间 t_h 的声辐射由麦克风阵列的输出 $p(t_h)$ 确定,$p(t_h)$ 的计算式为

$$p(t_h) = \frac{\sum_{i=1}^{n} p_i(t_h + t_{pi}) \omega_i \dfrac{r_i}{r_{ref}}}{\sum_{i=1}^{n} \omega_i \dfrac{r_i}{r_{ref}}} = \frac{1}{G} \sum_{i=1}^{n} p_i(t_h + t_{pi}) \omega_i \frac{r_i}{r_{ref}} \tag{5-35}$$

式中:$p_i(t_h + t_{pi})$ 为在接收时间 $t_h + t_{pi}$ 时刻第 i 个麦克风的信号;ω_i 为第 i 个麦克风信号的加权因子;因子 r_i/r_{ref} 为实际的声辐射距离 r_i 与发射时刻参考声辐射距离 r_{ref} 的比值。

式(5-35)计算得到的声压 $p(t_h)$ 就是声源点 (x_h, y_h, z_h) 在每个瞬时 t_h 产生的声压值。

但是传统的波束成形算法有其自身的缺陷,即所得声源定位图中容易出现声源旁瓣,易与真实声源混淆,甚至淹没真实声源。近年来,随着波束成形技术的发展,在波束成形基础上相继发展了相关算法,例如 CLEAN 与 DAMAS 算法。CLEAN 算法基于不相干声源假设,提高了阵列的分辨率和动态范围。DAMAS 算法即声源成像反卷积,DAMAS 算法原

理分为两部分:第一部分是传统的波束成形算法;另一部分是逆问题的求解。传统波束成形算法运算得出的结果作为中间声源,该中间声源作为阵列声源识别结果的实际输出,同时包含声源信息和阵列信息。DAMAS 算法的逆运算便是以这中间声源为最终的识别结果,通过分析实际声源的分布与转向向量的卷积关系,利用反卷积技术反算出实际声源的大小。DAMAS 算法可以提高低频区的分辨率,有效抑制高频区的旁瓣,下面将简单介绍这种算法并给出实例参考。

3. DAMAS 算法

1)基于互谱的波束成形算法

基于互谱的波束成形算法,与传统波束成形算法无本质上区别,只不过是从不同的角度来阐述。DAMAS 算法是从功率谱(能量)角度来解释传统波束成形算法的,且使用的是点声源模型。互谱延时求和技术现已逐渐取代传统的延时求和技术,延时求和的该操作针对信号的互谱矩阵,通过对麦克风信号进行互谱处理,可以排除背景噪声等不相关信号的影响,显著降低最大旁瓣级水平,有效提升声源辨识的准确性。

互谱波束成形算法最为重要的就是求解互谱矩阵。互谱矩阵,就是求信号的互相关函数的 FFT,获得其频域下的功率谱密度,称为互功率密度谱,即互频谱。假设阵列中各麦克风接收到的时域信号为 $[x_1(t),x_2(t),\cdots,x_N(t)]^{\mathrm{T}}$,互谱矩阵中的每个元素是使用快速傅里叶变换进行数据集成的,有

$$G_{ii'}(f) = \frac{2}{K\omega_s T}\sum_{k=1}^{K}\left[p_{ik}^*(f,T)p_{i'k}(f,T)\right] \tag{5-36}$$

i 与 i' 代表不同的麦克风,这种单边互谱在 k 块上被平均,总的记录长度为 $T_{\mathrm{tot}}=kT$。ω_s 为时间窗常数,如 hanning 窗等。$G_{ii'}(f)$ 是一个在离散频率下的复杂的谱值,间距为 Δf,带宽为 $\Delta f=1/T(\mathrm{Hz})$。$n$ 为阵列麦克风总数目,整个互谱矩阵为

$$G = \begin{bmatrix} G_{11} & \cdots & G_{1n} \\ \vdots & & \vdots \\ G_{n1} & \cdots & G_{nn} \end{bmatrix} \tag{5-37}$$

互谱矩阵的维度与数据中的通道数紧密相关,设麦克风有 n 个,则互谱矩阵为 n 阶方阵。接着是求解方向向量(舵向量)。这一部分在波束成形算法中尤为重要。依据舵向量元素求解公式:

$$e_i = a_i\,\frac{r_i}{r_c}\exp\{\mathrm{j}2\pi f\tau_i\} \tag{5-38}$$

式中:不考虑剪切层折射修正,取 $a_i=1$,此算法采用点声源模型,因而包含有对麦克风信号幅值以及相位的修正。幅值的修正主要是任意麦克风与任意声源点的距离与声源面中心到阵列面中心距离的比值,即式中的 r_i/r_c,该修正是考虑到声信号的衰减与距离的关系。$\exp\{\mathrm{j}2\pi f\tau_i\}$ 则提供了每个麦克风信号相对参考点的相位修正。最后,得出传统波束成形结果:

$$Y(e) = \frac{e^{\mathrm{T}}Ge}{n^2} \tag{5-39}$$

2)DAMAS 算法逆运算

DAMAS 算法逆运算过程中,最为重要的是获得一定数量的方程组。为能够更清楚地

阐述算法,引入模拟麦克风阵列,模拟麦克风阵列与实际麦克风阵列所有的参数特性都完全相同,只不过它是虚拟的。逆运算步骤如下:

(1)通过最终声源反算模拟麦克风所收到的声源信号,即

$$p_{im} = Q_m e_{im}^{-1} \tag{5-40}$$

式中:Q_m 为最终声源;p_{im} 为麦克风 i 接收到的声源点 m 传输来的声压信号;e 为上述公式中提到的舵向量。

(2)做任意两模拟麦克风声压信号的乘积,即

$$p_{im}^* p_{i'm} = (Q_m e_{im}^{-1})^* (Q_m e_{i'm}^{-1}) = Q_m^* Q_m (e_{im}^{-1})^* e_{i'm}^{-1} \tag{5-41}$$

式中:* 代表矩阵的复数共轭,目的是将最终信号变为实数。将式(5-41)代入式(5-36),得到了位于 m 位置的模拟麦克风阵列的互谱矩阵:

$$G = X_m \begin{bmatrix} (e_1^{-1})^* e_1^{-1} & \cdots & (e_1^{-1})^* e_n^{-1} \\ \vdots & & \vdots \\ (e_n^{-1})^* e_1^{-1} & \cdots & (e_n^{-1})^* e_n^{-1} \end{bmatrix}_m \tag{5-42}$$

在 DAMAS 算法中,最终声源点都是可疑声源点,都可能影响中间声源点,也有可能影响从最终声源点反算出的模拟麦克风的信号。因此,将每个最终声源点转换成的模拟麦克风信号相加,即

$$G_{\text{mod}} = \sum_m G_{m_{\text{mod}}} \tag{5-43}$$

而后将虚拟麦克风信号通过导向向量与中间声源(传统波束成形算法结果)建立线性方程关系,即

$$Y_{m_{\text{mod}}}(e) = \frac{e^{\text{T}} G_{m_{\text{mod}}} e}{n^2} = \sum_{m'} \frac{e^{\text{T}} [\ ]_{m'} e}{n^2} X_{m'} = A X_m \tag{5-44}$$

其中,中括号内为式(5-42)中矩阵,m 代表最终声源,m' 代表中间声源。

$$Y_{m_{\text{mod}}}(e) = \sum_{m'} A_{mm'} X_{m'} \tag{5-45}$$

$$A_{mm'} = \frac{e_m^{\text{T}} [\ ] \cdot e_m}{n^2} \tag{5-46}$$

DAMAS 逆运算的核心,便是求解 A 矩阵。从式(5-46)的形式可以看出,使用虚拟麦克风阵列求解 A 矩阵的方式与传统波束成形算法求解中间声源相同,只是在此次求解中,并不涉及实际采集的数据,与第一部分结果相比,它只包含阵列的特性,并不包含声源信息,那么下式成立:

$$A * X = Y \tag{5-47}$$

* 代表卷积,将式(5-47)扩展,可写成如下公式:

$$\begin{cases} A_{11}X_1 + A_{12}X_2 + \cdots + A_{1m}X_m + \cdots + A_{1M}X_M = Y_1 \\ A_{21}X_1 + A_{22}X_2 + \cdots + A_{2m}X_m + \cdots + A_{2M}X_M = Y_2 \\ \vdots \\ A_{m1}X_1 + A_{m2}X_2 + \cdots + A_{mm}X_m + \cdots + A_{mM}X_M = Y_m \end{cases} \tag{5-48}$$

式中:Y 的值为 DAMAS 算法中互谱波束成形的结果。Y 矩阵为 $n \times 1$ 维。A 矩阵为逆运算中的结果,A 为奇异矩阵,可利用线性迭代法计算,每次迭代中都施加声源的正约束,若

迭代结果小于 0，则赋值为 0。一般需要设置最大迭代次数来控制迭代的终止。

4. 基于 DAMAS 波束成形算法的应用实例

图 5.54 所示为某风力涡轮以及测量噪声的螺旋麦克风阵列[11]。麦克风阵列采用 70 通道，阵列相对该风力涡轮位置如图 5.55 所示，距风力涡轮水平距离 $L = 30\text{m}$，该风力涡轮距离地面 $H = 24\text{m}$，阵列直径为 0.72m。图 5.56 所示为该风力涡轮在 DAMAS 波束成形算法下的结果图，可以看出，DAMAS 波束成形拥有较高的分辨率，能够精确地识别出该风力涡轮气动噪声源的位置，而且对不同频率的噪声源都拥有较高的识别能力。图中 DAMAS 算法显示舱内噪声在该频率下再次占主导地位，结果也显示舱外的弱声源很可能是叶片的空气动力学噪声源。

(a) 某型风力涡轮

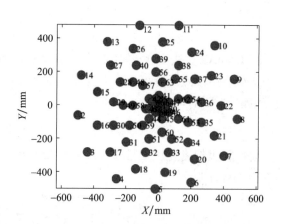

(b) 70通道螺旋麦克风阵列

图 5.54　某型风力涡轮及螺旋麦克风阵列[11]

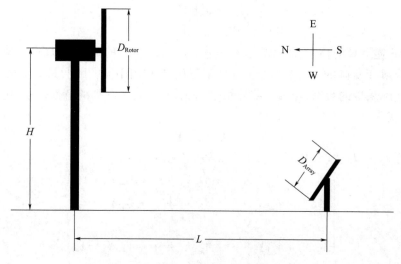

图 5.55　麦克风阵列相对风力涡轮位置示意图

(a) 基于DAMAS算法的波束成形　　　(b) 基于DAMAS算法的波束成形
　　　结果 (2000Hz)　　　　　　　　　　　结果 (3000Hz)

图 5.56　不同算法下的某风力涡轮波束成形结果[11]

5.3.5　叶轮机械管道周向声模态测量

在叶轮机械的声学实验中,声场频谱测量只适用于对主要噪声源的初步分析,难以直接给出叶轮机械噪声产生的主要物理机制。管道声模态测量是识别叶轮机噪声源机理的重要方法,本节将给出管道声模态基本理论和应用实例来介绍声模态的测量。在涡轮风扇发动机等叶轮机械中,最容易与部件特征(如转子叶片数与静子叶片数)相关联的最直接和最重要的模态结构类型是周向模态,故本节实验只给出声学周向模态测量分析,其他更为复杂的管道声模态测量可以参考相关声学实验的专业文献。

1. 周向模态测量原理

在连续性、均匀流和无黏假设条件下,圆形管道内对流波动方程为

$$\frac{1}{c_0^2}\left(\frac{\mathrm{D}}{\mathrm{D}t}\right)^2 p - \Delta p = 0 \tag{5-49}$$

式中:c_0 为当地声速;$\mathrm{D}/\mathrm{D}t$ 为圆柱坐标系下的随流导数;Δ 为圆柱坐标系中的拉普拉斯算子。

波动方程(式5-49)在某特定频率下的特解为

$$p_{mnf}(x,r,\theta,t) = A_{mnf}E_{mn}(k_{mn}r)\,\mathrm{e}^{\mathrm{i}(2\pi ft+m\theta-\xi_{mn}x)} \tag{5-50}$$

其中

$$E_{mn}(k_{mn}r) = C_{mn}\left[J_m(k_{mn}r) + Q_{mn}Y_m(k_{mn}r)\right] \tag{5-51}$$

式中:p_{mnf} 为声压;(m,n) 为模态;E_{mn} 为环形管道的特征函数;A_{mnf} 为(m,n) 阶声模态振幅;f 为频率;x 为轴向位置坐标;x,k,r 为关于管道半径 R 的无量纲量;ξ 为轴向波数;θ 为周向角度;k 为硬壁圆形/环形管道贝塞尔函数特征值;m,n 分别为周向和径向模态阶数;C_{mn} 为归一化因子;J_m,Y_m 分别为特征值为 k_{mn} 和 Q_{mn} 的硬壁圆形/环形管道第一类和第二类 m 阶贝塞尔函数。

对所有模态下的波进行叠加就可以获得该频率下的总声压为

$$p_f(x,r,\theta,t) = \sum_{m=-\infty}^{+\infty}\sum_{n=0}^{+\infty} A_{mnf}E_{mn}(k_{mn}r)\,\mathrm{e}^{\mathrm{i}(2\pi ft+m\theta-\xi_{mn}x)} \tag{5-52}$$

由于这里研究的只是周向声模态,上式可以简化为

$$p_f(\theta) = \sum_{m=-\infty}^{+\infty} a_{mf}\mathrm{e}^{-\mathrm{i}m\theta} \tag{5-53}$$

2. 模态分解理论

管道内的声场结构是由有限个被"截通"的模态波线性叠加而成的,模态分解即通过相应的数据处理将轴流风扇管道内总的声场结构分解到各个模态上进行研究。参考信号互相关(CC)模态分解法中引入了新的参考传声器信号与周向传声器阵列中各个传声器信号进行互相关处理,此方法可以有效降低管道机匣壁面湍流脉动等干扰信号对周向模态分解结果的影响。

管道声场是由无数个模态波线性叠加而成,其中包括周向声模态和径向声模态。当只分析周向声模态时,声波方程的解可以写为

$$p(x,r,\theta) = \sum_{m=-\infty}^{\infty} P_m(x,r) e^{im\theta} \tag{5-54}$$

其中

$$P_m = \sum_{n=0}^{\infty} (P_{mn}^+ e^{-i\gamma_{mn}^+ x} + P_{mn}^- e^{-i\gamma_{mn}^- x}) \Psi_m(k_{mn}r) \tag{5-55}$$

由式(5-54),得

$$P_m(x,r) = \frac{1}{K} \sum_{k=1}^{K} p(x,r,\theta_k) e^{-im\theta_k} \tag{5-56}$$

由式(5-56)可知,若想要获得各个周向模态对应的振幅(包括幅值和相位),需要测量获得管道内不同周向角度位置上的声学信息。

1) 时频转换

假设周向均匀分布的传声器阵列包含 K 个传声器,标记为 $k=1,2,\cdots,K$,用于采集参考信号的传声器标记为 $k=0$。用 θ_k 代表第 k 个传声器的周向角度位置。假设第 k 个传声器测得的压力脉动信号为 $\chi_k(t)$:

$$\chi_k(t) = \chi_k(s\Delta t) \quad s = 1,2,\cdots,S \tag{5-57}$$

式中:S 为选取的采集数据的个数。

对其进行 FFT(快速傅里叶变换)可以得到其复数形式的压力脉动振幅 $p_{f_j}(\theta_k)$,其中:

$$f_j = j/(S\Delta t), j = 1,2,\frac{S}{2} - 1 \tag{5-58}$$

周向模态分解是在某一固定频率上进行的,为了便于表达,以下表达式中不再使用频率的下标 j,并且省略 f。

2) 周向声模态分解——CC 模态分解法

使用与参考传声器 $k=0$ 信号互相关可以获得复数形式的周向模态振幅,其计算公式为

$$P_m = \frac{1}{K} \sum_{k=1}^{K} p(\theta_k) p(\theta_0)^* e^{-im\theta_k/(p(\theta_0)p(\theta_0)^*)^{1/2}} \tag{5-59}$$

直接对不同部分信号进行 FFT 获得的复数形式的模态振幅进行平均,有

$$<P_m> = \frac{1}{K} \sum_{k=1}^{K} e^{-im\theta_k} < p(\theta_k)p(\theta_0)^*/(p(\theta_0)p(\theta_0)^*)^{1/2} > \tag{5-60}$$

为了减小误差,对采集信号进行快速傅里叶变换多次平均,得到平均模态能量 A_m 的表达式:

$$A_m = \frac{1}{2K^2} \left\langle \sum_{k=1}^{K} \sum_{l=1}^{K} p_f(\theta_k) \mathrm{e}^{im\theta_k} p_f(\theta_k)^* \mathrm{e}^{im\theta_l} \right\rangle = \frac{1}{K^2} \sum_{k=1}^{K} \sum_{l=1}^{K} \mathrm{e}^{im\theta_k} C_{kl} \mathrm{e}^{-im\theta_l} \qquad (5\text{-}61)$$

其中 C_{kl} 表示互相关函数,可以写成 $C_{kl} = <p_f(\theta_k) \cdot p_f(\theta_l)^*>/2$,$*$ 表示复数的共轭,$<\ >$ 表示取若干时间段上信号的平均值。当麦克风信号 $p_f(\theta_k)$ 被随机噪声信号 ε_k 干扰时,获得的 $\overline{A}_m$ 就会与真实值 A_m 之间存在偏差。事实上,背景噪声本身会引起模态振幅误差

$$\delta_m = \frac{1}{K^2} \sum_{k=1}^{K} \sum_{l=1}^{K} \mathrm{e}^{im\theta_k} \frac{1}{2} < \varepsilon_k \varepsilon_l^* > \mathrm{e}^{im\theta_l} \qquad (5\text{-}62)$$

假定式(5-60)中的分母是常数(不同部分的信号处理结果相同),可以得到:

$$\overline{A}_m = \frac{1}{2} | <P_m> |^2 = \frac{1}{K^2 C_{00}} \left| \sum_{k=1}^{K} \mathrm{e}^{-im\theta_k} C_{k0} \right|^2 \approx A_m + \frac{1}{N} \delta_m$$

其中:N 为对信号进行 FFT 时平均的次数,这样便得到了模态分解过后的结果。

3. 周向声模态测量实例

实验在单级轴流风扇声学实验台进行,相关参数如表 5.4 所列[12]。

表 5-4　单级轴流风扇实验台参数

参数名称	参数大小
设计转速/(r/min)	2930
进出口压比	1.06
直径/m	0.6
设计流量/(kg/s)	6.5
转子/静子个数/个	20/27

单级轴流风扇实验台,采用均匀周向圆形麦克风阵列对单级轴流风扇管道内的声辐射进行测量,因为采用了 CC 模态分解方法(参考信号互相关法)对单级轴流风扇管道的声模态进行研究,所以要引入新的参考麦克风,为了得到较好的模态分解结果,参考麦克风一般放在距离声源较近的位置(如转子紧邻上游),20 个麦克风组成的阵列及参考麦克风在单级轴流风扇的位置如图 5.57 所示。

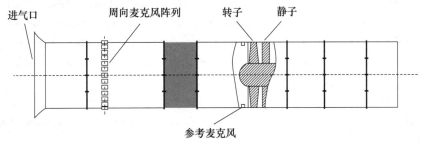

图 5.57　单级轴流风扇管道声模态测量(CC 法)示意图

图 5.58 为不同转速高阶 BPF 对应的模态幅值分布图。模态分解结果显示,当理论存在可传声模态时,实际测得的主导模态和根据转静干涉噪声理论预测的主导模态完全一致[13]。比如 3BPF 模态谱上的实际主导模态为 $m = 6$,4BPF 的模态谱上的实际主导模态

为 $m=-1$，5BPF 的模态谱上的实际主导模态为 $m=-1$，理论预测的主导模态为 $m=-8$ 和 $m=19$（混叠于 $m=-1$），6BPF 的模态谱上的实际主导模态为 $m=-8$，理论预测的主导模态为 $m=12$（混叠于 $m=-8$）和 $m=-15$（混叠于 $m=5$）。

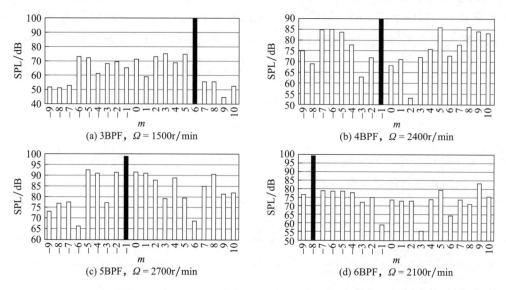

(a) 3BPF，$\Omega=1500\text{r/min}$　(b) 4BPF，$\Omega=2400\text{r/min}$

(c) 5BPF，$\Omega=2700\text{r/min}$　(d) 6BPF，$\Omega=2100\text{r/min}$

图 5.58　不同转速高阶 BPF 对应的模态幅值分布

声学模态检测和噪声源重建方法对于理解叶轮机械噪声产生机制和传播特性密切相关，有助于进一步的降噪研究，但是其成本也比较昂贵，特别是与外流部件气动噪声测试不同，实验需要特殊优化设置来实现高精度测量。更多的叶轮机械噪声先进测试方法可以参考综述文献[14]。

参考文献

[1] DAY I J. Stall inception in axial flow compressors[J]. Journal of turbomachinery, 1993, 115(1):1-9.

[2] MOORE F K, GREITZER E M. A theory of post-stall transients in axial compression systems. part I: development of equations[J]. ASME Journal of Engineering for Gas Turbines and Power, 1986, 108:68-76.

[3] MASHFORD J, KOLTUN P, YANG S. An approach to hydraulic machine evaluation using classification of symmetrised dot patterns[C]. Sydney, Australia. Engineering/Test and Evaluation Conference, 2007.

[4] TAHARA N, KUROSAKI M, OHTA Y et al. Early stall warning technique for axial flow compressors[C]. Turbo Expo: Power for Land, Sea, and Air. 2004, 41707:375-384.

[5] NAGAI K, OINUMA H, ISHII T. Acoustic liner test of DGEN 380 turbofan engine[C]. INTER-NOISE and NOISE-CON Congress and Conference Proceedings, Institute of Noise Control Engineering, 2019: 6078-6088.

[6] 北京声畅科技有限公司. M300-2FH Lab Type II1/2″自由场麦克风[OL]. http://www.soundfree.com.cn/te_product_a/2021-02-02/1628.chtml.

[7] 北京声畅科技有限公司. 扬声器测试[OL]. http://www.soundfree.com.cn/te_partner_source/2007-11-01/116.chtml

[8] IEC-327. Precision method for pressure calibration of one-inch standard condenser microphones by the rec-

iprocity technique[S].

[9]工欲善其事必先利其器|传声器校准的必要性[OL]. https://zhuanlan. zhihu. com/p/447720267.

[10]IEC-486. Precision method for free-field calibration of one-inch standard condenser microphones by the reciprocity technique[S].

[11]RAMACHANDRAN R C, PATEL H, RAMAN G. Noise source localization on a small wind turbine using a compact microphone array with advanced beamforming algorithms:Part I — A study of aerodynamic noise from blades[J]. Wind Engineering,2014,38(1):73-88.

[12]李志彬,王晓宇,孙晓峰, 等. 单级低速轴流压气机噪声特性实验研究[J]. 推进技术, 2018, 39(06):1275-1282.

[13]TYLER J M, SOFRIN T G. Axial flow compressor noise studies[J]. SAE Transactions, 1962, 70:309-332.

[14]BU H X, HUANG X, ZHANG X. An overview of testing methods for aeroengine fan noise[J]. Progress in Aerospace Sciences,2021,124:0376-0421.

第6章 叶轮机械先进流动测试技术

6.1 粒子图像测速

粒子图像测速(PIV)技术是一个将计算机、激光、光学成像、自动控制等多学科成果综合应用的复杂技术。PIV 是一种瞬时非侵入式全场流动测量技术。PIV 其工作原理如图 6.1 所示。示踪粒子均匀地释放到流场中,这些粒子既不能过大以便满足其跟随流动特性,又不能过小从而无法被光感记录设备感知。激光照明光源形成的片状激光面通过一系列光学棱镜照射到待测量的流场区域,在确定的时间间隔内激光器连续地发射激光脉冲。同时,垂直于片光源方向的高速相机对准被照亮的流场区域并进行拍摄,同步控制装置协同采集频率与激光脉冲频率,最终得到一系列的粒子图像。使用图像处理技术计算出高质量粒子图像的粒子位移,原理上 PIV 技术是直接测量技术不需要校准。本章将从二维 PIV 技术系统介绍原理和应用,随后介绍三维 PIV 技术以及新兴的 PIV 测量压力场技术。

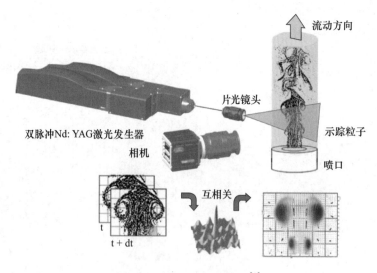

图 6.1 PIV 系统工作原理[1]

6.1.1 实验设备(激光、片光、播种流、相机)

1. 激光

在图 6.2 所示的 PIV 激光器中,两束激光由一系列透镜和镜子收集,光束通过柱面透镜扩展成薄片。重要的是要保证每个脉冲产生的光片彼此对齐(除非存在明显的平面外速度分量),以便在第一个脉冲中照射的粒子也被第二个脉冲捕获。可调节镜面用于将光束引导到产生片光的光学器件中。两个光脉冲必须通过适当的时间延迟分开,这可以通过预期平均速度、相机检测到的图像大小(单位 mm)、图像的已知大小(单位为像素)以及要求粒子运动大于 1 个像素且小于窗口尺寸的 1/4 实现。如果偏移小于 1 个像素,则只有较高的速度的运动会被识别,导致得出的速度值会偏向较高的数值。目前商用 PIV 系统大多是双 YAG 脉冲激光器组。

图 6.2　某型 PIV 激光器[1]

2. 片光

片光由两个球面透镜和一个柱面透镜组合而成,如图 6.3 所示。实际上,由于激光发射所通过的孔径尺寸有限,光片不是完全平行的。因此,必须将其聚焦以使最小厚度仍在相机视野中。

片光的厚度(如图 6.3 俯视图)取决于到激光头的距离和光束的发散角(如图 6.3 侧视图),不同的柱面透镜通常可用来改变发散角(以及片光的厚度)。可以通过改变激光器上光学头中透镜的间距来调焦。还应注意,片光的强度在其厚度上并不均匀,强度变化近似为高斯分布,片光的有效厚度通常约为 1mm。

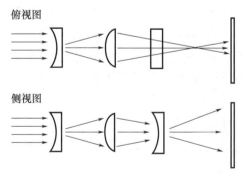

图 6.3　片光原理

3. 播种流

一旦粒子发生器开始工作,播撒合适的粒子均匀性和密度非常重要。图 6.4(a)显示的图像具有均匀的粒子密度,这是可用于 PIV 测试的。图 6.4(b)图像可能包含一些流动现象,但它不适于 PIV 测试用,因为粒子的密度不均匀,这种类型的图像将导致在粒子很少的区域中出现错误向量,并且数据会偏向存在粒子的区域,这是不合理的。

另外,为了减少示踪粒子的加入对流场的干扰,需要提高示踪粒子散射光的强度,以

便很好地反映流体本身的真实速度,同时考虑其他因素的影响,示踪粒子还需要满足以下要求:

(1)跟随性强,能够很好地跟随流体的运动,粒子和流体流动之间的相对运动尽可能小,尽量保证示踪粒子的运动速度和方向能够代表流体的速度和方向。示踪粒子对流体的跟随性主要取决于粒子的直径、密度和流体黏度密度等参数。

(2)良好的光散射体,具有高的散射效率,有利于得到低噪声的散射光,方便信号处理,提高测量精度。当光路系统确定后,示踪粒子的散射特性与入射光波长、粒子直径,以及粒子物性(如折射率等)密切相关。

(3)具有良好的物理化学性质,人为添加的散射微粒应该无毒、无刺激性,对流动管道无腐蚀或磨蚀,化学性质稳定等。

(4)示踪粒子最好要易于生成,清洁卫生,不污染环境,对于开放式实验条件,示踪粒子的价格最好便宜,浓度调节范围较大。

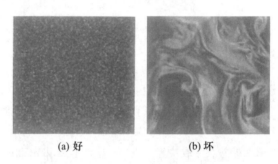

(a) 好　　　　　　　　　　(b) 坏

图6.4　高质量和低质量示踪粒子比较

4. 相机

在 PIV 技术中,图像记录设备的选择非常重要,本书所涉及的 PIV 系统都是采用高速数字相机(图6.5),用于成像粒子的镜头应该能够在大光圈下工作时具有接近衍射极限的能力。在大多数情况下,直接将图像记录到相机中的 CCD 阵列上。CCD 相机的分辨率和帧速率将影响流场细节以及频率范围。一般限制拍照速度的是相机性能,互相关的相机能够捕获小的可调间隔的图像对,可以获得数兆字节的高分辨率图像。

图6.5　高速数字相机

生成的双图像提供了测量平面内粒子的位移记录,然后对其进行分析并按速度缩放。当脉冲间隔趋于零时,以这种方式产生的速度信息趋向于瞬时速度分布。只要脉冲间隔和持续时间小于流动中感兴趣的最小时间尺度,测得的速度就可以提供瞬时速度场的有用表示。

相机用于获取两个单独的图像,这个时间间隔很短。这种方法提供了良好的信噪比。需要一个快速快门式 CCD,并且时间间隔受限于将第一帧从 CCD 快速传输到相机内的存储缓冲区所需的时间,然后再将其更慢地下载到控制系统计算机。通常,第二帧不关闭。背景照明可能会影响第二张图像,因为快门会在相当长的一段时间内保持打开状态,但通常情况并非如此。

6.1.2　数据处理

PIV 分析软件的核心任务是自动确定粒子位移。PIV 图像是在局部询问窗口网格上进行分析。询问窗口的大小要合适,能够包含充足数量的粒子图像对以准确测量局部位移,同时又足够小,使得询问窗口的速度变化非常小(小于 5%)。有两种技术用于确定询问区域内的正确配对:粒子跟踪和相关性分析。两者都有优势,甚至可以结合使用。通常当对被测量的流动一无所知时,相关分析是更可靠的技术。

相关分析测量每个询问窗口内平均局部粒子位移,可以分辨零速度并且可以使用短脉冲间隔,这提高了数据的空间分辨率和可测量的速度范围。图 6.6 展示了使用互相关方法进行 PIV 图像处理的基本原理,包括图像对从查询窗口到 FFT 处理,再到逆变换以产生互相关的过程。

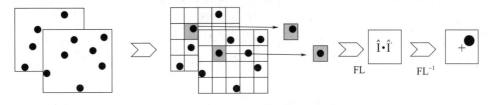

图 6.6　互相关方法原理

两张图像强度函数 g 与 f 之间的互相关定义为

$$R_{fg}(x,y) = \int\limits_{-\infty}^{+\infty} \int\limits_{-\infty}^{+\infty} f(\xi + x, \zeta + y) g(\xi, \zeta) \, \mathrm{d}\xi \mathrm{d}\zeta \qquad (6\text{-}1)$$

假设以数字方式记录的图像不是连续的,而是由离散样本组成,并且图像大小(M, N)是有限的,则式(6-1)变为

$$R_{fg}(m,n) = \sum_{k=0}^{M} \sum_{l=0}^{N} f(k + m, l + n) g(k, l) \qquad (6\text{-}2)$$

式中:m,n 为相对于采样位置的偏移,可以是正数或负数。

FFT 和逆 FFT 用于产生互相关。互相关只能表示线性偏移(不是旋转、剪切等)。互相关使用意味着不需要跟踪某个单个粒子。事实上,最好在任何询问窗口中都采样 5 ~ 15 个图像对,最后通过取平均值产生位移矢量场的空间平均。数字互相关示例如图 6.7 所示。实际上,相关峰值为粒子图像的卷积和粒子间隔。

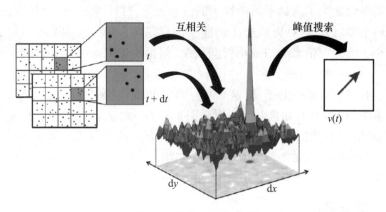

图 6.7　数字互相关示例

对于百万像素摄像机,询问窗口通常由 128×128、64×64、32×32 或 16×16 像素组成。有几种方法可以选择询问窗口。多通道技术使用第一通道来评估与询问窗口相关的速度,比如 64×64 像素。然后在随后的遍历中使用该信息偏移相对于第一图像的第二图像的询问窗口区域,以便可以观察到更多相同的粒子。时间间隔 $\mathrm{d}t$ 和平均速度提供了这种偏移。同时,询问窗口可以在附加通道中连续减小到 32×32 或 16×16 像素,以便获得更丰富的图片。两个图像之间询问窗口的偏移不需要是整数像素,也可以是亚像素偏移,这样具有更高相关峰值的优点,捕获更多的粒子使得错误矢量数据减少。

询问窗口大小和多通道技术对测量的影响效果如图 6.8 和图 6.9 所示。图 6.8 所示为使用固定询问窗口大小为 16×16 像素的涡流的 PIV 测量结果。图 6.9 所示为使用 32×32 以及 16×16 像素的询问窗口通过自适应多通道技术获得的矢量场结果。自适应多通道技术产生更高的空间分辨率和更高的验证率。一些 PIV 仪器制造商提供的软件具有可变形询问窗口,这使得能够捕获更多的图像对,就像亚像素偏移一样,采集了更多的局部速度场。

在图 6.8 和图 6.9 中,没有使用重叠。重叠的目的是增加最终速度矢量的数量。通过将相邻的询问窗口重叠 50%,产生了两倍的向量数据并获得了更高的空间分辨率。

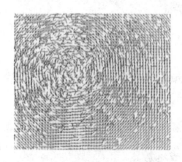

图 6.8　向量场由 16×16 的
固定视窗获得

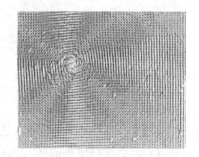

图 6.9　矢量场使用 32×32,16×16,
像素自适应多通道视窗获得

在设计实验时,应考虑相机的分辨率因素。因为相机的分辨率一般是 1280×1024 像素的数量级,如果测量区域为 $25\mathrm{mm} \times 20\mathrm{mm}$,使用 32×32 像素的询问窗口,重叠率为

50%,则实验分辨率为 0.3125mm×0.3125mm,相当于 80×64 个点的数组。

最终,数据的质量取决于所采集图像的质量。然而,即使具有良好对比度和良好种子颗粒浓度的高质量图像,相关性或跟踪测量的结果也有可能是错误的或与所研究的流场无关。这可能是由于粒子对不足、平面外速度、强速度梯度或其他无关效应造成的。出于这个原因,通常需要对 PIV 数据集进行后处理,通过插值去除错误向量,并应用光滑技术来重建区域。但是,所有后期处理都包含主观因素,处理时必须谨慎。

6.1.3　PIV 测试案例

压气机转子叶顶区域的非定常流动特征与旋转失速和稳定性具有密切关联,本应用案例采用二维 PIV 进行压气机转子叶顶非定常流动测量。图 6.10 和图 6.11 分别为压气机叶片间隙流 PIV 测量系统和速度场的测量平面布置。测量面与叶片弦长方向垂直,叶顶泄漏涡的传播轨迹方向近似与测量面垂直。在径向方向上测量面覆盖叶顶区域 25%的叶高范围,在周向一个流道节距范围内均匀布置 8 个测量面。速度场采集通过叶片触发进行,在一个叶片顶部的固定位置布置触发反光片,通过调整不同的延迟测量时间,采集与叶片不同相对位置的测量面。PIV 采集频率为 50Hz 相当于转子每转 1 周对速度场进行一次测量。对每个测量面至少获得 1000 个快照,并对测量结果进行锁相平均处理。

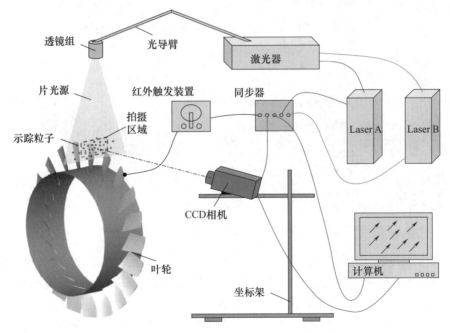

图 6.10　压气机叶顶间隙流 PIV 测量系统

图 6.12 所示为 PIV 测量得到的瞬态照片,从粒子的分布可以明显观察到叶顶泄漏涡的存在。由于漩涡的离心力作用,叶顶泄漏涡中心区域粒子难以进入,在图像中呈现黑色阴影。在该流量工况下,不同的测量面上都显示出了集中的高涡量区,可以判断这是由叶顶泄漏涡导致的。此时叶顶泄漏涡核心运动轨迹可以通过每个测量面上涡量最高幅值位置大致判断出来。在这个工况下,叶顶泄漏涡流出叶片流道,但轨迹已十分接近相邻叶片尾缘。

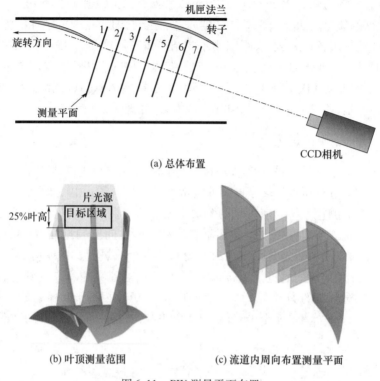

(a) 总体布置

(b) 叶顶测量范围   (c) 流道内周向布置测量平面

图 6.11   PIV 测量平面布置

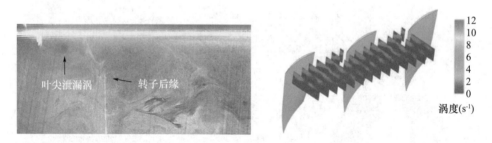

图 6.12   PIV 测量的压气机流道截面涡量分布

    需要注意的是,尽管 PIV 技术在过去的 30 年得到了长足的发展,但在基础流体动力学研究范围之外的应用,特别是复杂的叶轮机械中的应用并未取得相同的成熟度,比如在多级压气机中,就很难将片光放置在叶片通道(B—B)平面。PIV 是一种瞬时的、非侵入式的全流场可视化测量技术,这是相对于热线和 LDV 单点测量的优势,但是后者的测量频响通常比一般的 PIV 要高。而且 PIV 同样面临粒子播撒合理性的问题。目前,更为先进的高速 3D-PIV 已经出现。

6.1.4 三维 PIV 技术

    传统二维 PIV 技术只能得到激光平面内两个方向上的速度分量,因此并不能准确测量具有明显三维效应的空间流场。为了克服这个问题,众多三维 PIV 测量手段相继提出,包括立体 PIV(Stereoscopic PIV,SPIV)、层析 PIV(Tomographic PIV,TPIV)、全息 PIV(Holographic PIV,HPIV)等,为探索叶轮机械复杂流动带来了更为先进的测试工具。TPIV 通过多个不同角度的相机同步记录测量空间内示踪粒子的二维图像,通过二维图像重新构造出整个测量空间内所有粒子的灰度信息以及三维位置,然后对两次曝光得到的三维查询窗口进行互相关运算得到三维速度场。但是,由于激光强度不足,TPIV 的测量区域往往较小。HPIV 利用全息摄影技术记录测量区域中示踪粒子的三维信息,然后通过全息图像再现和图像分析得到测量空间内的三维速度场。但是,由于光路结构复杂和测量空间小的问题,这种方法也不适用于大多数的流动观测。因此,SPIV 作为一种 2D-3C 的测量手段在三维流场测量研究中应用得更为广泛。相比于 TPIV 和 HPIV,SPIV 只能得到若干个测量平面中的速度矢量,平面外方向的空间分辨率远远小于平面内,因此平面外方向的空间插补技术对于高分辨率三维空间流场的重构来说至关重要。

1. 立体 PIV

采用片光照明,通过对两个相机在不同角度记录的图像进行互相关计算,得到两个二维速度场后,再利用投影重构法计算第三维的速度分量。这种方法称为三维立体 PIV 技术(Stereo PIV,SPIV)。

立体 PIV 需要两台 CCD 相机,由这两台相机共同观察观测区域,通常有两种布置方式,一种是片光源与 CCD 相机平行放置,另一种是片光源在两台相机中间。根据人眼双目测距的原理,立体 PIV 利用两部呈一定角度的相机获取粒子图像,再根据几何成像关系对粒子图像进行处理就可计算出第三维速度分量,具体的测速步骤包括相机标定、流场图像获取、粒子识别定位、粒子匹配以及流场显示等。常用的相机布置方法有镜片平移法和角位移法,如图 6.13 所示。

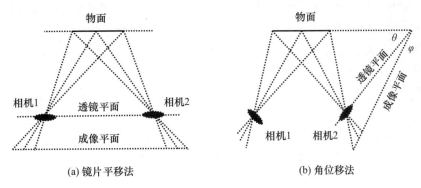

(a) 镜片平移法　　　　　　　　　　(b) 角位移法

图 6.13　立体 PIV 的两种相机布置法

建立在几何共线方程的理想成像系统模型,即示踪粒子中心、光学中心和像平面中心三者一线,目的是得到物体空间坐标与像平面坐标之间的映射关系,模型为

$$s\begin{bmatrix} u \\ v \\ 1 \end{bmatrix} = \begin{bmatrix} f_x & 0 & u_0 & 0 \\ 0 & f_y & v_0 & 0 \\ 0 & 0 & 1 & 0 \end{bmatrix} \begin{bmatrix} \boldsymbol{R} & \boldsymbol{T} \\ \boldsymbol{0}^{\mathrm{T}} & 1 \end{bmatrix} \begin{bmatrix} X_w \\ Y_w \\ Z_w \\ 1 \end{bmatrix} \tag{6-3}$$

式中:(u,v) 为粒子在像平面像素坐标系中的位置坐标;s 为像平面坐标轴非正交引出的倾斜因子;(X_w,Y_w,Z_w) 为粒子的三维空间坐标;(f_x,f_y) 为相机投影焦距;(u_0,v_0) 为像平

面的光学中心,这 4 个参数由相机的内部结构决定,称为内部参数。$r_{ij}(i,j=1,2,3)$ 为正交旋转矩阵 R 的元素,是由 3 个独立的倾角参数计算的;t_x,t_y,t_z 为平移矩阵 T 的元素。这 6 个参数描述了相机在三维空间中的方位,称为外部参数。整个模型用矩阵可简记为 $K=M_iM_eX_w=MX_w$,其中 K 为像平面坐标向量,M_i 和 M_e 分别代表相机的内部参数和外部参数,X_w 是空间坐标向量。立体 PIV 先对粒子图像进行滤波、变形校正以保证粒子中心坐标的准确性,完成粒子图像的识别与定位后,再依据几何共线成像模型,利用最小二乘法求解两部相机构成的几何共线超定方程组可得粒子的近似空间坐标,进而可求得粒子的空间位移以及三维速度分量。假定粒子在 t_1,t_2 时刻的空间坐标分别为 $(X_w^{t1},Y_w^{t1},Z_w^{t1})$ 和 $(X_w^{t2},Y_w^{t2},Z_w^{t2})$,则粒子的三维速度为

$$
\begin{cases}
|U|=|X_w^{t2}-X_w^{t1}|/(t_2-t_1) \\
|V|=|Y_w^{t2}-Y_w^{t1}|/(t_2-t_1) \\
|W|=|Z_w^{t2}-Z_w^{t1}|/(t_2-t_1)
\end{cases}
\tag{6-4}
$$

实际上,立体 PIV 的第三维分量的重构受不同方向观测速度矢量的透视失真的影响,其精度要低于平面内的二维分量。另外,相机标定的偏差也会限制系统的整体测量精度。近年来,立体 PIV 技术的研究重点主要集中在提升测量精度、增加空间分辨率和扩大应用范围等方面。

对于 SPIV 传统的空间插补技术有三次样条插值法、Gappy POD 法、Kriging 插值法等,但是这些插补技术都只利用了 PIV 流场中的速度信息,没有考虑每个速度矢量因测量噪声而产生的不确定度。高斯过程回归(GPR)可以得到更精确的 SPIV 空间流场重构结果,GPR 方法相较于传统 PIV 空间插补技术能够得到更准确的空间流场,通过高斯过程回归得到的插补流场拥有更低的均方误差和更真实的流场可视化结果。但是在实际应用中,不得不考虑内存需求与计算量,因为 GPR 中线性系统的求解运算量会达到 10^{12} 量级。因此,如何降低 GPR 方法的计算量和内存需求成为该 PIV 空间插补技术的难题。主动学习策略能够有效降低高斯过程回归方法所需要的数据集大小,从而将算法所需的计算时间和内存降低一半以上。

图 6.14 所示为采用 2D-3C 的 SPIV 测量系统,可以看出,在某微型飞行器周围布置了 3 台相机,其中 1 台用以平面 PIV 测量,另外 2 台则用来测量平面上的 3 个速度分量,3 台相机均装配了 60mmNikon 镜片。示踪粒子为水基乙甘醇颗粒,由烟雾发生器进行雾化并均匀布撒于测量区域中,示踪粒子的平均直径约为 1μm。激光系统则选择了双脉冲 Nd:YFL 激光器(527nm 波长),通过凸镜光路照亮飞行器弦向的平面区域,激光平面厚度约为 2mm,激光频率设置为 30Hz,因此得到的 PIV 测量流场的采样频率也为 30Hz,为低频采样。PIV 系统的拍摄时间为 10s,共产生 300 个速度场以提取准周期流场中的拟序结构。PIV 测量系统如图 6.14 所示,有效测量区域的面积为 12.5cm × 12.5cm,图像放大系数为 0.16,相机 1 和相机 2 之间的方位角为 45°。

对 PIV 结果进行本征正交分解方法(POD)分解并利用傅里叶方法在相域内重建周期流场,重建相位分别为 0°、90°、180° 和 270°。重建结果如图 6.15 所示,其中云图部分为平面外方向的涡量,矢量图部分为平面内方向的速度场,一对对旋涡生成并脱落,随后在沿流向的运输过程中强度不断减小。观察流场内的速度矢量可以发现,在每一条垂直于流

向的直线上,速度大小呈现出一种类似于射流的分布方式,即对转涡运输路径处的速度最大,远离运输路径处的速度较小。在对旋涡沿着流向向下游传输的过程中,涡动能不断耗散并转化为邻近区域内气流的流向动量,这也是对旋涡强度不断减小的主要原因。从图 6.15 (d)270°重建流场可以看出,在准周期运动的后半程,对旋涡由于能量耗散其涡量逐渐降为 0,对周围气流的加速作用也逐渐消失。

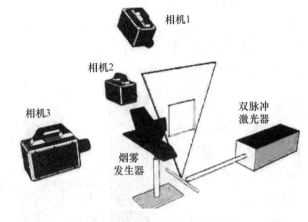

图 6.14 SPIV 测量系统示意图

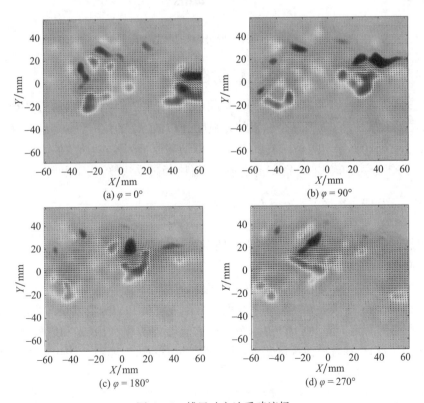

图 6.15 傅里叶方法重建流场

2. 层析 PIV(Tomographic PIV)

层析 PIV 是一种最新的三维速度矢量场测量技术。与立体 PIV 结构类似,层析 PIV

利用多部相机采集不同视角下示踪粒子图像,再通过光学层析成像算法由二维图像重建三维示踪粒子场,然后利用三维互相关算法得到三维速度矢量场,如图6.16所示。层析PIV由Elsinga提出[2],2007年LaVision公司[1]将层析PIV成功应用于水流和空气流动的测量;2013年Silva等[3]提出了基于图像匹配的重建增强(SMRE)技术,提升了层析PIV的速度矢量场重建质量和精度;2016年Hasle等[4]利用层析图像测速仪测量了生物瓣膜、心脏瓣膜的三维速度场。层析PIV的本质是三维散射场重构,三维光散射场重构实际上就是CCD阵列投影在物理空间$E(X,Y,Z)$光强度分布的离散三维阵列。成像平面坐标为(x_i,y_i)的第i个像素的强度与三维物理空间第j个像素的光强度分布之间的关系,可用三维物理空间到成像平面的投影模型表示,即

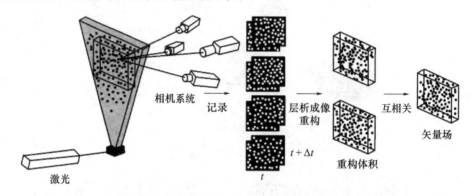

图6.16 层析PIV技术的测试原理图

$$\sum_{j \in N_i} \omega_{i,j} E(X_i, Y_j, Z_j) = I(x_i, y_j) \tag{6-5}$$

式中:N_i为体积内第i个像素在坐标为(x_i,y_i)视线周围的三维像素的临近区域。加权系数$\omega_{i,j}$描述了三维物理空间第j个像素的光强度分布$E(X_i,Y_j,Z_j)$对像素强度$I(x_i,y_i)$的贡献。由于粒子的三维空间坐标未知,所以该模型需要预测校正技术的迭代修正,并且需要一个非零的强度分布$E^0(X,Y,Z)$作为初始条件,通过乘法修正,原模型可表示为

$$E(X_i, Y_j, Z_j)^{k+1} = E(X_i, Y_j, Z_j)^k \left[\frac{I(x_i, y_j)}{\sum_{j \in N_i} \omega_{i,j} E(X_i, Y_j, Z_j)^k} \right]^{\mu \omega_{i,j}} \tag{6-6}$$

式中:标量松弛因子$\mu \leq 1$,当$\mu = 1$时上式收敛的速度最快。一般只需经过4~5次迭代即可使得测量结果差异最小。

进行层析PIV实验用于某型220mm直径螺旋桨尾迹测量,使用Nd:YAG激光器和4个CMOS相机(5.5兆像素)。图6.17为螺旋桨尾迹层析PIV测量系统布置图,其中同步器可以使用可编程定时单元(PTV)。通过PTV能够同步相机、激光和螺旋桨三大模块。图6.18所示为切片和等值面螺旋桨近场尾迹涡量(Lamba-2准则),图中的螺旋桨叶尖涡流机制可以清晰地观察到。

层析PIV与其他三维流场测速技术相比具有诸多优势:比立体PIV操作简单,测量精度高;较全息PIV无需相干光照明,设备简易且应用范围广;其粒子浓度高于三维粒子追踪测速(3D-PTV),可获更多的速度矢量数。但层析PIV需要更高的体积照明能量、数据存储量及计算能力,需要进一步发展改进。

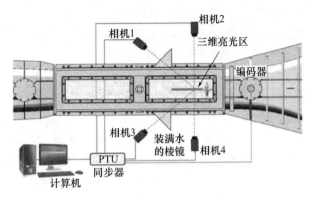

图 6.17　螺旋桨尾迹层析 PIV 测量系统布置

图 6.18　层析 PIV 测得的螺旋桨尾迹的 3D 涡量结构

3. 全息 PIV

全息 PIV(HPIV)是全息技术与 PIV 相结合的一种真正意义上的三维流场测量技术,与立体 PIV 技术有着本质上的区别。早期的全息 PIV 技术使用胶片记录相干光的干涉图案,通过原始光照射全息相片,重构出原始光场强,最后计算出三维速度矢量场,测量过程复杂且存在较大的误差,限制了全息 PIV 的工程应用。直到将数字全息技术(digital holography)引入 PIV,产生了数字全息 PIV(DHPIV)后,全息 PIV 才获得广泛的应用。

数字全息 PIV 主要基于光衍射的 Huygens-Fresnel 原理。激光平面波穿过粒子场后产生经由粒子散射的物光和未经散射的参考光形成的干涉图案,即为全息图像。数字全息 PIV 通过 CCD 相机采集两帧待测流场的全息图像,然后利用计算机对采集到的两帧全息图像分别进行再现,得到两个瞬时三维粒子场,最后对两个瞬时三维粒子场进行三维互相关计算,获得三维速度矢量场,其测速示意图如图 6.19 所示。

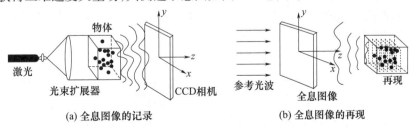

图 6.19　数字全息 PIV 测速示意图

再现瞬时粒子场是数字全息 PIV 技术中的关键。目前,常用的再现算法有 Fresnel 法、卷积法以及角谱法等,这 3 种算法都基于标量衍射理论。此外,在数字全息 PIV 技术中,粒子空间定位精度会直接影响测量结果的精度,所以如何提高粒子的空间定位精度也是近年来研究者重点关注的方向。通过检查再现图像的灰度梯度,可实现粒子的焦平面定位。常用的灰度梯度法有边缘灰度梯度法、全局灰度梯度法以及综合灰度梯度法,其中综合灰度梯度法具有高可靠性和广泛适用性,能够精确地获得粒子的焦平面位置。数字全息 PIV 已成功应用于各种复杂的流场测量,如发动机喷雾流、汽车空气动力流场等,但数字全息 PIV 仍有观测空间较小、粒子空间定位精度不高、全息成像质量差等不足之处,极大地限制了其实际应用,这些方面也是数字全息 PIV 未来发展的主要方向。

6.1.5 PIV 非接触测量压力技术

流场的压力分布是流体运动的重要动力学特征,它决定了流场中物体的受力情况,对于湍流流动、气动声学、气动弹性现象而言,脉动压力的测量都是至关重要的。与壁面压力的测量相比,流场内部瞬时静压分布的测量难度更大。传统的测压技术受制于接触式测量、非瞬时测量和有限点测量 3 个主要限制,已经不能满足流场动力学现象的研究。所以,国内外学者都在探索新的测量方式,其中基于 PIV 瞬时速度场重构压力场(PIV-Pressure)[5] 的方法具有巨大优势。

1. 基本原理以及方法

基于 PIV 的压力测量方法通常包括 3 个步骤:①瞬时速度场的相关性分析;②计算物质加速度;③压力梯度的积分。对于 PIV 数据相关性分析之前是在测量体积内进行强度分布的三维重建。对于不可压缩流体而言,基于 PIV 速度场重构压力场的基本理论桥梁是 Navier-Stokes 方程。通过对 N-S 方程进行不同的变形转换,可以得到不同的压力场重构算法。在计算物质加速度场之后,根据动量方程确定压力梯度场,并对空间积分得到压力场。其中压力梯度积分方法主要有直接积分法和 Poisson 方法两个途径。

1)直接积分法

对于不可压缩流体而言,若流体的密度和黏度已知,且测得流场的瞬时速度场和瞬时加速度场以及黏性项,就可以通过 Navier-Stokes 方程计算出流场的压力梯度,结合适当的边界条件就可以获得流场压力。

$$\nabla p = -\rho \frac{\mathrm{D} \boldsymbol{u}}{\mathrm{D} t} + \mu \nabla^2 \boldsymbol{u} \tag{6-7}$$

2)Poisson 方程法

事实上,Poisson 方程法是直接积分法的延续。通过对直接积分法中的流场压力梯度取散度,根据物质导数的定义和不可压缩速度散度为零的条件,式(6-7)变成式(6-8),即用于重构流场压力分布的 Poisson 方程为

$$\nabla^2 p = -\rho \nabla \cdot (u \cdot v) u \tag{6-8}$$

在上述 Poisson 方程中,所有的非定常项和黏性项都已约去。然而,Poisson 方程的这种性质并不意味着最终的瞬时压力场与时间无关,这是因为在流场的边界条件中仍然包含时间项,例如压力梯度的计算方程。图 6.20 所示为采用高频 PIV 测得的水喷流瞬态涡量等值面图和根据 PIV 数据进行的压力重构结果[2]。

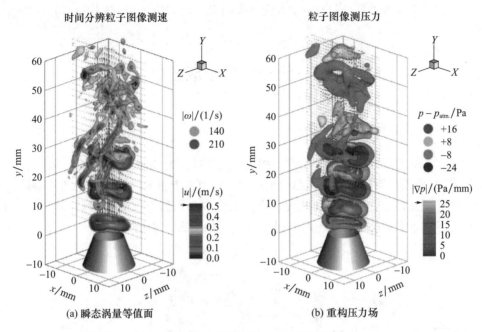

图 6.20 水喷流的高频 PIV 测试结果[2]

2. 重构压力场评价及误差影响因素

对于基于 PIV 速度场重构的压力场精度,一般采用误差的均方根值(root mean square,RMS)来评价。由于无法通过实验的方法直接测量流体的压力场,因此一般将基于 PIV 重构的压力场与数值模拟结果对比。采用测量区域内网格节点上重构压力值与数值模拟结果的绝对偏差相对于测量区域内最大压降的比值作为衡量重构压力场精度的标准:

$$\mathrm{RMS} = \sqrt{\frac{1}{N} \sum_{i=1}^{N} \left(\frac{p'_i - p_i}{\Delta p_{\max}}\right)^2} \times 100\% \tag{6-9}$$

式中:N 为网格节点总数;p'_i 为重构压力值;p_i 为数值模拟的压力值;$\Delta p_{\max}$ 为测量区域相对于来流的最大压降。

虽然基于 PIV 速度场重构的压力场是通过数值计算得到的,因此该压力场测量方法本质上属于一种间接测量方法。由前可知不同的重构公式理论上是等效的,但是实际执行过程中的数值实现方式会对压力计算的精度产生重要影响,原因是存在速度误差的传播和空间、时间离散的敏感性。另外,实际测量中存在的信号噪声也会导致结果有所差异,因此在以压力场测量为目的的 PIV 测量方案需要进行特殊的优化和设计考虑。不同重构方法选取的考虑如下[5]:

(1)直接积分法重构的压力场容易受到噪声的影响而产生剧烈震荡,通过使用滤波器预处理可以降低重构压力的震荡,从而提高重构压力场的光滑程度;Poisson 方程法不易受噪声的影响而产生震荡,并且采用中值滤波器可以提高重构压力场的精度。

(2)若 PIV 速度场的精度较高,则 Poisson 方程法的优势较为突出。对于精度较差的 PIV 速度场,直接积分法可以在较大的速度场误差范围内保持较高的重构压力场精度。

(3)不同的插值方式下得到的压力场误差几乎都随 PIV 空间分辨率的下降而增加。

直接积分法采用双线性插值,Poisson 方程法采用双三次差值可以获得更高精度的重构压力场。

6.2 激光多普勒测速仪

6.2.1 实验原理及设备

激光多普勒测速仪是用于测量空间固定点上流体流速随时间变化信息的非侵入光学测试技术,其原理是测量流场中示踪粒子在通过两束相干激光时的多普勒频移信号,然后进行信号处理获得精确粒子运动速度。通常激光多普勒测速仪的形式是:激光输出被分割为两束等功率激光,之后二者聚焦在同一个点,如图 6.21 所示。

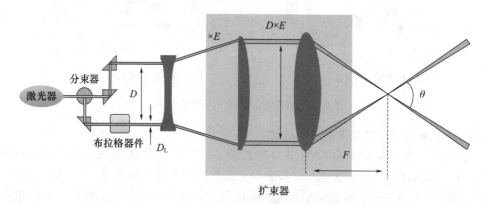

图 6.21　双光束测速计原理图

图 6.22 表示两束激光相遇在空间同一个点,该点上的粒子速度设为 U。两束激光被粒子散射向感受者方向,其单位矢量为 e_s。因为两个激光束不同的入射方向,所以散射后二者频率略微不同,所得频移为

$$f_{s,1} = f_1 \left[1 + \frac{U}{c} \cdot (e_s - e_1) \right] \tag{6-10}$$

$$f_{s,2} = f_2 \left[1 + \frac{U}{c} \cdot (e_s - e_2) \right] \tag{6-11}$$

式中:c 为光速;f_1,f_2 为入射光的频率;e_s,e_1,e_2 分别为 3 个方向上的单位矢量。

当有不同频率的两个波列叠加时,出现了拍频现象(也称作多普勒频率),与两个波的频率差相关,两个入射束具有相同的频率 f,频差为

$$f_D = f_{s,2} - f_{s,1} = f \left[\frac{U}{c} \cdot (e_1 - e_2) \right] \tag{6-12}$$

或者写成

$$f_D = \frac{f}{c} \left[|e_1 - e_2| \cos\phi |U| \right] = \frac{1}{\lambda} \cdot 2\sin\left(\frac{\theta}{2} \right) U\cos\phi \tag{6-13}$$

式中:θ 为入射激光束之间的夹角(参见图 6.21);φ 为速度矢量 U 和测量方向之间的夹角。

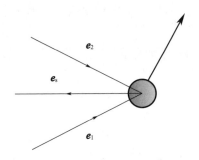

图 6.22　运动粒子的光散射

　　上述方程是激光多普勒测速仪测量技术的关键。单位矢量没有出现在上述差频方程中,表明接收位置对拍频没有影响。因此,无论粒子在测量体积内的轨迹如何,激光多普勒测速仪都能够测量粒子速度的合理分量。这也意味着可以在大范围内收集散射光,这改善了信号强度。此外,拍频与平行于光束平面并垂直于它们的公共轴的平面中的速度分量成正比。这意味着,与热线风速计不同,存在一个以纯余弦关系形式完美定义的方向响应。上述等式还表明,与大多数测速仪不同,一旦已知入射激光束之间的夹角确定,就不需要校准仪器。

　　上述等式表明多普勒频率比反射光的频率低得多,这种相对较低的频率更容易检测到。图 6.23(a)展示了一个典型信号。原始数据的迸发类似于图 6.23(a)。这显示了多普勒频率波动的强度如何变化,就像示踪粒子在穿过两个光束的交叉区域期间反射的光一样。信号的包络线代表了测量体积内光强的高斯分布。

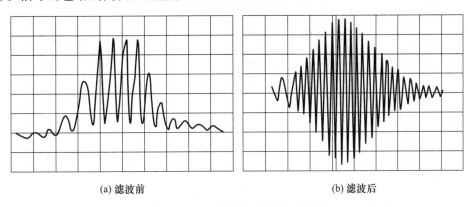

(a) 滤波前　　　　　　　　　　　　　　(b) 滤波后

图 6.23　多普勒效应受滤波影响

　　带通滤波后如图 6.23(b)所示。可以使用不同的方法来检测多普勒频移,而频域信号处理器常常用于检查频域中的信号突发。这些处理器能够从低信噪比信号中提取高速和表面附近的测量中有用的激光测速仪数据。因此,可以使用较低功率的激光器和光纤探头,因为数据采集时间较少受到较差的信噪比的影响。

　　现代激光多普勒测速仪测速计的组件通常包括:含激光的传输光学器件、接收光学器件、光纤、检测系统、信号处理器、粒子播撒系统。

1. 激光器和传输光学器件

通常,在激光多普勒测速仪中使用水冷 Ar-Ion 激光器输出功率为 1~5W。产生的激光束是单色的、相干的、线偏振和准直的,因此具有低发散度。与其他系统一样,光束的强度是高斯分布。

分束器将激光束分成两束,特别是通过分束器调节以使产生的两束激光束具有相似的强度。一束光通过发射光学器件,另一束使用布拉格单元进行频移。在两者到达传输光学器件之前,每个光束会被分离出 3 种颜色,例如:波长 $\lambda = 514.5$ nm 的绿光;波长 $\lambda = 488$ nm 的蓝光;波长 $\lambda = 476.5$ nm 的紫光。

其中绿色最强,紫色最弱。每种颜色用于测量一个速度分量。因此,发射器可用于 1D、2D 或 3D 测量,因为同时使用不同颜色的光束对允许确定不同的速度矢量分量。

布拉格单元是声光元件,会在特定波束中引入一个固定但可变的频移(通常为 40MHz)。多普勒频移将添加或减去该值,这使我们能够确定所测速度的符号,因为在多普勒频移中引入了偏差。例如,即使粒子是静止的,混合两束光束所产生的拍频也将是非零的。向同一个方向移动的粒子将产生比这更大的偏移。反向运动的粒子会产生较低的偏移。只要布拉格单元产生的偏移大于最高负多普勒偏移,信号处理器就会区分出流动的正负方向,这不同于热线风速仪。

一旦光束被分割和频移,它们就会直接传递到传输光学器件或通过光纤连接到单独的光学"探头"。光纤探头的引入为激光多普勒测速仪的使用带来了显著好处。使用光纤同时传输光和散射光改善了对流动测量,而且测量系统可以不再靠近实验设施。虽然测量对外来噪声的敏感性也降低了,但光纤允许的较小功率水平意味着整体信号水平退化。

传输光学器件决定了被测体积的位置和大小。一般使用扩束器来增加激光束的分离。通过使用更大的孔径来减小测量体积的大小,从而增加了测量体积内的功率密度,原理如图 6.21 所示。传输光学器件的前透镜使两光束偏转,使它们在与透镜焦距相等的距离处相交。可以使用不同的镜头来改变这个交汇距离。因此,发射光学器件产生测量体积。测量体积在所有 3 个维度上都具有高斯强度分布。比如,对于 500mm 前透镜,514.5nm 光束的测量体积为 0.077mm × 0.076mm × 1.0116mm。如果使用其他波长较小光束,获得的体积则略小。

2. 光学接收器件

理论上光学接收器件可以位于任何可有效观察测量体的位置。在实践中,涡轮机械对光学器件提供有限观察能力,通常采用反向散射模式进行观察。在这种模式下,发射光学器件也同时成为接收器,用于观察测量体,如图 6.24 所示。系统的这一部分收集由穿过测量体内的粒子散射的光,并将其聚焦到光电探测器上,其后充当空间滤波器的多模光纤将光传递到光电检测器。

对于多组件系统,光学接收器件采用分光器来分离散射光信号并将它们引导到适当的光电探测器。分光器还可以消除由于环境光引起的噪声,使得即使在光线非常差的情况下也能产生高质量的信号,所以在检测系统中使用了光电倍增管。

在测量旋转叶片排中的流动时,必须注意确保叶片与光束相交处散射的光不会破坏光电倍增管,这通常通过关闭光学系统的一个或多个组件来实现。但是,这使得获取靠近叶片表面的数据变得更加困难。

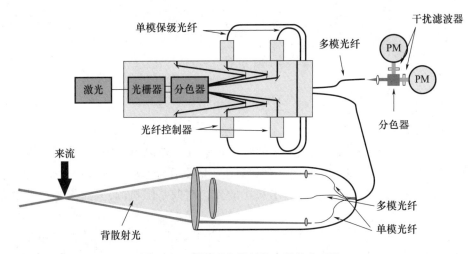

图 6.24　利用反向散射的光学接收系统

3. 信号处理器

光电倍增管将波动的光强转换为电信号,即多普勒脉冲,由于激光束强度分布的原因,该信号呈高斯包络的正弦曲线。多普勒脉冲在信号处理器中被过滤和放大,该处理器通过快速傅里叶变换来确定每个粒子的多普勒频率,然后使用 6.1 节中描述的方程将多普勒频率转换为速度。

因为转换是数字化的,所以只能检测到有限数量的频率。与 A/D 转换器一样,频率范围(类似电压值范围)决定了频率的分辨率位数,从而决定了速度数据的分辨率。也可以指定数据跨度中心,这与布拉格单元引入的频率有关。

4. 多分量激光多普勒测速仪符合性滤波

激光多普勒测速仪系统的问题之一是并非所有检测到的多普勒脉冲都是真实的。此外,某些脉冲根本无法检测到,这主要是因为不同波长的光具有不同的强度。因此,并不是一个轴记录的每个粒子都会被其他轴记录。为了确定统计运动学的无偏差值,特别是雷诺应力值,只有在所有轴上同时获得和验证的粒子才能用于数据分析。因此,采用符合性滤波,一些依赖硬件处理器执行检查,另一些则依赖于软件处理。

5. 速度偏差和加权因子

与热风速计不同,激光多普勒测速仪不会产生连续的输出信号,因为只有当播种粒子通过两个光束的交叉体时才能测量出速度,这是一个固有的随机过程。此外,LDA 统计遭受速度偏差。在较高流速时,由于通过测量体积的体积流率较高,因此记录了更多样本,使用简单的算术平均计算统计量,例如平均值或 RMS,将使结果偏向于更高的速度。

为了校正速度偏差,可以使用非均匀加权因子,这基于单个粒子采样通过时间(TT)或粒子停留时间 t_r,这是每个粒子在测量体积中存留的时间。通过时间加权因子为

$$\eta_i = \frac{t_{ri}}{\sum\limits_{j=1}^{N} t_{rj}} \tag{6-14}$$

加权因子分别用于计算平均值,方差和交叉矩。

$$\overline{u} = \sum_{i=1}^{N} \eta_i u_i \tag{6-15}$$

$$\overline{u'^2} = \sum_{i=1}^{N} \eta_i (u_i - \overline{u})^2 \tag{6-16}$$

$$\overline{u'v'} = \sum_{i=1}^{N} \eta_i (u_i - \overline{u})(v_i - \overline{v}) \tag{6-17}$$

6. 锁相整体平均

锁相整体平均用于提供周期性信号的统计观察。在热风速仪中,它适用于使用 A/D 转换固定频率均匀采样。但是,激光多普勒测速仪数据在经过验证的脉冲发生时到达,这取决于测量体积内是否存在粒子。由于粒子的到达时间是随机的,因此需要对采集数据进行一定的预处理。

多普勒脉冲的到达时间由采集系统记录,锁相整体平均的使用以存在已知频率的基本周期信号为前提。被研究的流动基频对应周期时间通常被划分为 128 等宽度片段,然后根据到达时间将每个测量值分配给特定的片段,完成此过程后,将使用前面给出的方程依次确定每次统计量。

时间片段的数量过大将减少分配给每个时间片段的粒子数,除非增加测试采集时间,否则将影响相位平均值的质量,但可提高这些相同平均值的时间分辨率。如果流动中有很强的时间梯度,则必须使用大量时间分段。如果梯度不太严重,则可能需要较少的时间分段。在这种情况下,必须注意确保横跨时间段的速度变化是线性的,因为这是在使用这种方法时的隐含假设条件。

由于每个粒子的到达时间不受实验控制,因此分配给每个时间片段的粒子数量不同。特别是如果粒子播种密度在周期性循环中发生变化,则必须确保所有时间分段内都有足够的粒子以保证统计价值的意义。大多数软件商业激光多普勒测速仪系统软件允许用户在数据后处理中可以使用变化的时间分段数量。

7. 频域分析

频域分析比如小波分析或更简单的频谱分析,通常采用快速傅里叶变换(FFT)技术在均匀采样数据上以减少计算时间。然而对于激光多普勒测速仪数据采集是由粒子撒播控制的,因此是随机的。更高的频率分辨率需要更高的数据采集速率。由于这些原因,激光多普勒测速仪数据通常不适合频域分析。但是如果数据充足,可以直接计算不均匀采样数据的离散傅里叶变换(DFT),而不是采用传统的 FFT 技术。

6.2.2 LDV 的应用案例

Schleer 等[6]利用激光多普勒测速仪测速技术对离心压气机无叶扩压器内流动进行了测量。为保证流场结构完整性,实验时采用激光多普勒测速仪测速技术对两个叶轮通道后部的无叶扩压器区域进行了详细的测量,测量点阵为 $31 \times 180 \times 29$,保证了足够高的空间分辨率(轴向和径向分别为 0.5mm 和 1.5mm)。由于光路反射和畸变等原因,激光多普勒测速仪测速系统在临近扩压器轮毂侧和机匣壁面侧并未获得有效数据,图 6.25 所示为具体测量区域。Schleer 等使用石蜡油颗粒作为示踪粒子,并将其在液体中进行分散。经过雾化后粒子平均直径约 0.4μm,在高速流中具有很好的跟随性和可探测性。图

6.26 所示为叶轮出口径向速度和切向速度的测量结果。图 6.26 中，PS 代表压力面，SS
代表吸力面，R/R_2 代表测量半径与叶轮出口半径的比值，U_2 为叶轮出口圆周切线速度。
测量结果可以清晰识别出叶片尾迹、叶顶间隙流及射流-尾迹结构，具有满意的分辨率。
Schleer 等研究对象为无叶扩压器，不存在机匣壁面的大曲率几何结构，因此在光路布置
方面没有特别大的技术难点。

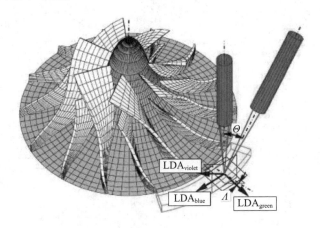

图 6.25　LDV 测量离心压气机扩压器流动的布置方式和测量区域[6]

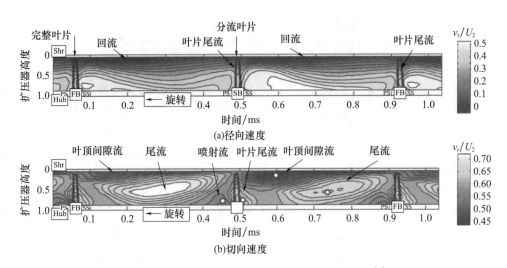

图 6.26　叶轮出口径向速度和切向速度测量结果[6]

　　图 6.27 所示为 Stieger 和 Hodson [7] 使用激光多普勒测速仪获得的一些流场数据。测
量是在装有移动杆机构的高升力 T106 低压涡轮叶栅中进行的，移动杆用于产生上游转子
叶片尾迹。图 6.27 显示在尾流通过周期内的 6 个等间隔瞬时相位平均湍动能云图。叶
排内尾迹对流发展表现出弯曲、重新定向、伸长和拉伸等特征。图 6.27（c）和（d）还显
示了相对于时间平均流的扰动速度矢量。在涡轮叶栅入口处，尾迹由指向尾流源的扰动
矢量清楚地指示出来。在叶片通道内，这种"负射流"导致各段尾迹对流并冲击吸力表
面，这对于一些低压涡轮中的层流-湍流转捩过程可能很重要。对于其他情况，与尾迹相
关的湍流波动则更为重要。

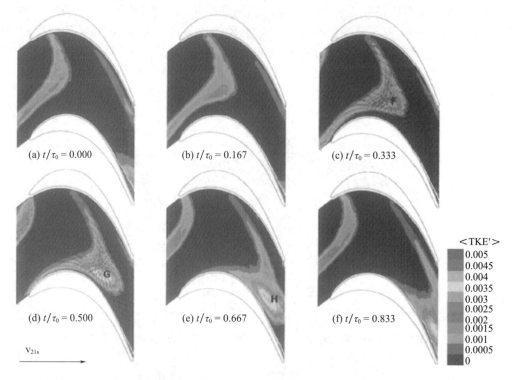

(a) $t/\tau_0 = 0.000$　　(b) $t/\tau_0 = 0.167$　　(c) $t/\tau_0 = 0.333$

(d) $t/\tau_0 = 0.500$　　(e) $t/\tau_0 = 0.667$　　(f) $t/\tau_0 = 0.833$

图 6.27　2D 激光多普勒测速仪测量 6 个时刻无量纲湍动能[7]

　　激光多普勒测速仪技术构建了一个无需校准的测量系统。它没有漂移,在大多数实际用途中不受压力和温度的影响,并且对流体速度具有绝对的线性响应。激光多普勒测速仪测得的速度是速度矢量在光学系统定义的测量方向上的投影,具有纯余弦响应。在多分量测量中具有重要意义的高空间分辨率取决于测量体的尺寸大小。然而,时间分辨率往往取决于粒子播种浓度和数据采集系统因素。但是,对于内流叶轮机械中的应用,激光多普勒测速仪技术还存在诸多问题,部分也是 PIV 光学测速存在的问题:①光学访问窗口曲率引起单束激光路径畸变;②入射激光在叶片表面和端壁近壁区反射导致信噪比降低;③转子叶片的几何形状与激光路径干涉;④示踪粒子与高速流体的跟随一致性和可探测性;⑤示踪粒子在测量区域的均匀度和散射程度等。这些问题会加大测量误差,因此这也是激光多普勒测速仪技术在内流叶轮机械领域测量应用研究的重要方向。

6.2.3　相多普勒技术

　　相多普勒技术(Phase Doppler Technique,PDT)是在激光多普勒测速仪基础上发展起来的一种新型流场测速技术。相多普勒技术加入了示踪颗粒的尺寸,这对研究流体喷射、气体及固体颗粒在流体中的分散问题十分有用。相位多普勒干涉仪(Phase Doppler Jnterferometer,PDI)测量小液滴的直径和速度,无需假设分布函数即可完成液滴尺寸分布和平均值的测量。它基于高精度已知的激光波长,颗粒大小与光强无关,因此衰减和窗口污染对液滴大小的影响最小。相多普勒技术并不是以散射光强度决定颗粒速度的,因而无需在使用前校准,避免了由于光强衰减或折射而产生的误差。

6.3　压力敏感涂料

压力敏感涂料(Pressure Sensitive Paint,PSP)技术是无浸入式表面全域压力分布光学测量技术,该技术是将压力敏感材料作为涂料涂抹在测量表面,激发光源选用激光或紫外线灯,使用激发光源诱导涂料发出荧光或者磷光,通过空气介质中的氧分子对压力敏感材料发光的"猝熄"作用(存在氧分子的环境下受激分子放出的能量回到基态而发不出光子),使得 CCD 相机将实验物体表面涂层荧光或磷光强度变化转换为伪彩色图像,使用图像处理技术获得实验物体表面压力分布状况。它以可探测范围广、成本相对较低、前期准备时间短的优点,很好地克服了传统表面压力检测技术引起的流场干扰的问题,在航空航天、叶轮机械和汽车制造等领域具有很大的发展应用前景。

作为涂料主体的 PSP 分子有磷光和荧光两大类,其光致发光机理如图 6.28 所示。受到所需的电磁辐射或光照射后,经过一系列复杂过程才能使分子的电子能态回到基态 S_0。这种衰减过程一般可分为 3 种类型[8]:①不向外辐射能量的衰减,即所吸收的能量以无规则热运动形式传向周围介质,这种衰减广泛存在于电子能级较高的状态如 S_1,S_2 和 T_1;②位于较高能级的分子通过化合价电子配对和分子振动弛豫降低能级;③向外辐射能量的衰减即通过发出荧光或磷光降低电子能级。

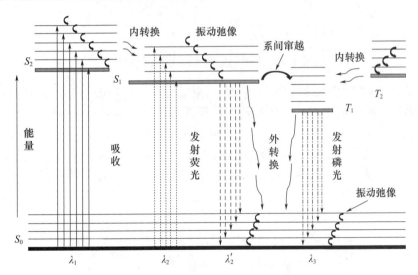

图 6.28　描述 PSP 分子光致发光过程的雅尔隆斯基图[8]

对于第 3 种类型,当有外部分子渗透或扩散进入涂料时,通过碰撞传递能量,降低 PSP 分子发光强度,出现"猝熄"现象[8]。由图 6.28 可知,PSP 分子发出荧光时所处的能态要比发出磷光时的能态高,这两种光致发光现象不仅在于光谱特性的不同,而且反映在时间尺度、"猝熄"敏感度和温度敏感度等特性的差异。一般而言,荧光材料的时间尺度为 $10^{-10} \sim 10^{-6}$s,而磷光材料的时间尺度为 $10^{-4} \sim 10^4$s,磷光材料的"猝熄"效果比荧光材料的高,其压力敏感度和温度敏感度也高于荧光材料。按照 Stern-Volmer 公式,压力敏感材料受激后,发光光子的数量以发光强度表示[8]:

$$\frac{I}{I_0} = 1 + \frac{k_q[Q]}{k_L + k_C + k_f} = 1 + f_0 k_q[Q] = 1 + K_{SV}[Q] \qquad (6\text{-}18)$$

式中:Q 为"猝熄"物质浓度;k 为速率;下标 L,C,f 和 q 及 0 分别指发光、内部转换、系统间传递和"猝熄"以及无"猝熄"。

PSP 系统分为涂料应用、灯光和图像获取、图像处理等子系统,如图 6.29 所示,其操作有一套严格的流程。喷涂 PSP 之前在实验模型表面覆盖防氧渗透和扩散的底漆,喷涂后需保存于暗室内。由于温度会影响氧分子在涂料中的渗透或扩散速度,从而影响发光强度,理论上涂料工作温度为常数的假定,不能满足实际情况,需要引入温度敏感涂料(temperature sensitive paint,TSP)进行修正。另外,为获得三维图像,还需对实验模型表面进行标定,也可解决物体变形等问题,有助于改善图像质量提高分辨率。

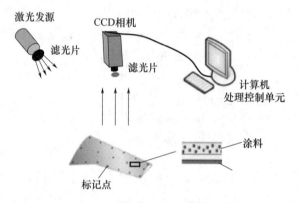

图 6.29　PSP 测量系统组成与涂层结构

图 6.30 所示为叶栅气流角为 37.7°时,马赫数分别为 0.6,0.7,0.8 时,叶片吸力面的 PSP 测量结果。可以观测到在没有射流缝的两侧区域具有典型的翼型压力分布:在叶背大弯度处(弦长 10% ~30% 位置)由于气流的加速出现的低压区;在喷射缝出口上游由于喷流的阻挡使得来流减速形成局部高压区域;而在喷流缝的下游沿流向形成低压带,这符合典型的横向射流的压力分布特征。Ma 为 0.8 时,射流下游较大范围区域压力相对较低,这可能是射流与激波联合作用导致了低压区域的增大。

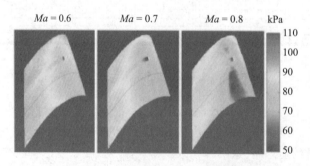

图 6.30　叶栅表面平均压力分布[9]

PSP 技术是涉及生物化学、光学、信息技术多种学科的综合性应用技术,已广泛应用于航空航天、动力能源、汽车制造等领域。但该技术也存在着一些不足,比如对涂料和仪器设备性能要求高,校正计算过程复杂,图像捕捉与处理要求高等。随着基础学科以及学科间的不断发展融合,该技术在叶轮机械测量的应用范围也将不断拓展。

6.4 纹影技术

纹影法(schlieren)是一种经典的光学显示技术。其基本原理是利用光在被测流场中的折射率梯度正比于流场气流密度的原理,将流场中密度梯度的变化转化为记录平面上相对光强的变化,将可压缩流场中密度变化剧烈的区域诸如激波、压缩波等转化为可观察、可分辨的图像并且记录。把高时间分辨率的高速相机与纹影法相结合,使之成为高速纹影法。在轰爆与冲击波物理实验中,该方法用于显示流场、冲击波阵面及在透明介质中的传播,观察高压力下自由表面的微物质喷射、界面上的波系状况、界面不稳定性等现象,是一种用途广泛的光学测试技术。

6.4.1 纹影原理

纹影原理如图6.31所示。光源S为点光源,置于凸透镜L_1的焦点处,则光源发出的光通过透镜转换为平行光束并通过测试段的介质。如测试段介质完全均匀(无温度和密度梯度),则平行光束不发生方向变化。之后光束通过凸透镜L_2,汇聚后发散,在后方视屏处形成圆形光斑,测试段内的A点成像在视屏上为A′点。L_2后方焦点处设置遮光刀,刀口的边缘垂直于示意图平面,并与汇聚点适当相切。由于刀口的存在,部分光线会被遮挡,因此随刀口上移视屏上的圆形光斑会均匀变暗。而当测试段介质A处存在密度梯度变化时,折射率会有所改变,则通过A点的入射光线在测试段内将发生偏折(如虚线所示)。这将导致部分原本应被光刀遮挡的光线因偏折而变得可以抵达视屏,或原本不被遮挡的光线因偏折被光刀遮挡,则会导致对应成像位置照度上升或下降,视屏上就会形成随密度变化亮暗不均的图像,这就是纹影效应。

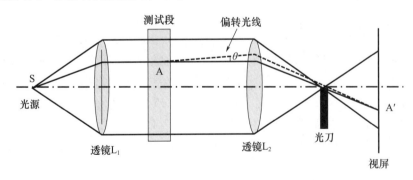

图6.31 纹影基本原理

纹影系统按照光线通过被测流场区的形状,分为平行光纹影系统和锥形光纹影系统两大类,但二者成像原理相同。锥形光纹影系统的结构简单,其灵敏度比平行光纹影系统更高,但是这种纹影系统由于是同一条光线反复经过被测区,会导致被观察区的图像失真。而平行光纹影系统能够真实地反映被观察区密度的变化,在实验中得到了更为广泛的应用。平行光纹影系统分为透射式和反射式[10]两种,透射式的光学成像质量好,但对视场要求比较大,要加工大口径的纹影透镜又比较困难,反射式的光学成像虽然带有轴外光线成像造成的干扰像差,但是只要在光路上采用 Z 形布置和在仪器使用时将光刀刀口面调整到系统的子午焦平面和径向焦平面上,就可以减少像差得到满意的结果。透射式纹影系统、反射式纹影系统组成如图 6.32 和图 6.33 所示。

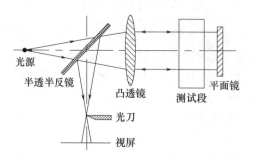

图 6.32　透射式纹影系统组成图

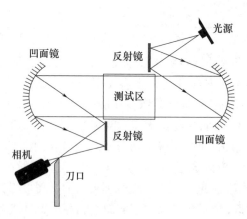

图 6.33　反射式纹影系统组成图

6.4.2　实验设备及应用

纹影仪是实现纹影法的基本仪器,常见的形式如图 6.34 所示。在叶轮机械内流测试中的应用由于空间限制,来自光源的光需要在平面镜中反射。此外,光源及其图像必须位于离轴位置,这会导致少量但可接受的散光。图 6.35 所示为在涡轮叶栅测试获得的图像。图 6.35(a)是基本测试原理,图 6.35(b)、(c)是亚声速和跨声速条件时的瞬时流场结构,激波结构和通道激波与吸力面边界层的相互作用可以被非常清晰地观察到。

图 6.34　纹影仪常见形式

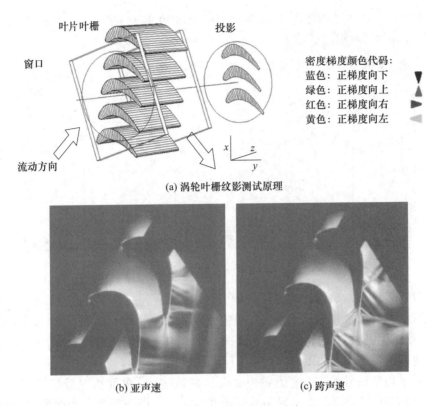

(a) 涡轮叶栅纹影测试原理

(b) 亚声速 (c) 跨声速

图 6.35 涡轮叶栅纹影图像[11]

6.4.3 数字纹影技术

传统的纹影技术是一种定性的流动显示方法,但随着高速相机的发展和图像处理算法的进步,纹影技术逐渐向精确定量化方向发展。包括光流法(optical flow)在内的一些图像处理算法,与纹影相结合,可以获得出流场的速度。这种结合了成像光路特性和流体物理性质的算法,可以得到高精度和高空间分辨率(pixel resolution)的速度场结果,与高速成像手段结合起来,可以用于高速流场、高温燃烧,以及不方便添加示踪粒子的边界层速度诊断中,为了区别定性可视化纹影。这种精确定量测量压力或者温度的纹影技术称为数字纹影。

为了方便理解,下面以最基本的光流算法原理进行介绍。光流算法是通过追踪两帧图像像素点亮度的流动来获取空间点的二维运动速度场,其原理就是亮度守恒约束。纹影图像的亮度方程将像素亮度与密度场建立联系,而流体的约束方程则将密度场和速度场联系起来。将这两个方程联立推导,消去密度场这个中间量,就得到了像素亮度与速度场的关系,也就是新的守恒约束。根据流体运动的性质,再引入含有散度旋度项的平滑约束替换原有的刚体平滑约束。这些约束条件的改进,使得算法具有物理意义,更适用于从流场纹影图像中提取速度场。一般的求解方法是利用两个约束方程构建能量泛函,推导拉格朗日方程,迭代求解得到速度场[12]。图 6.36 所示为某数字纹影测量喷流速度场的应用案例,其选择了两种情况的冷流型,分别使用"光流法(OF)"和另外一种称为"纹影运动评估(SEM)"的方法估计速度场和涡量场。原始纹影图像如图 6.36 所示,选择矩形区域进行分析。所选区域的噪声水平(NL)分别为 0.46 和 0.49。图 6.36 中 V_a 表示共流空气速度,V_f 表示燃料速度。

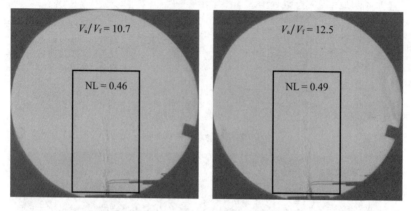

图 6.36　原始纹影图像(方框为速度分析区域)

经过 OF 和 SME 方法估计的速度矢量、速度和涡量云图如图 6.37 所示。从图 6.37(a)可以看出,两种方法都显示了速度矢量主要向上运动。SME 结果显示,在某些局部区域,速度矢量面积更大,方向转向更多。其次,从图 6.37(b)可以看出,SME 和 OF 方法估计的整体速度值均在相近的范围内。结果还表明,当使用更高的共流空气速度时,速度会更高。根据平均空气速度,速度值在一个合适的范围内,两种情况分别为 2.31m/s 和 2.695m/s,但 SME 结果显示出了更平滑的速度剪切层。仔细观察纹影图像发现,在主流区域附近确实存在一些弱流型,SME 可以检测到,而 OF 算法无法检测到。此外,在 V_a/V_f =12.5 的情况下,OF 结果中明显缺少速度轮廓的上部区域。比较表明,SME 方法对弱流型检测更敏感。第三,对于涡量估计,如图 6.37(c)所示,SME 方法与 OF 方法相比也显示出更好的结果。OF 方法只能解析涡量云图部分结构,而 SME 能够解析流动左右两侧的正负值,这符合剪切层的形成机制。

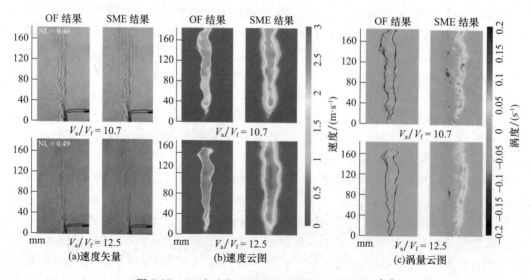

图 6.37　OF 方法和 SME 方法得到的冷喷流结果[11]

参考文献

［1］LaVision Product Manual. https：//www. lavision. de/en/index. php. ［D/OL］. Germany：La VisionGmb H,2007.

［2］SCHRÖDER A,GEISLER R,ELSINGA G E,et al. Investigation of a turbulent spot and a tripped turbulent boundary layer flow using time-resolved tomographic PIV［J］. Experiments in Fluids,2008,44（2）：305-316.

［3］DESILVA C M,BAIDYA R,MARUSIC I. Enhancing Tomo-PIV reconstruction quality by reducing ghost particles［J］. Measurement Science and Technology,2013,24（2）：024010-024010.

［4］HASLER D,LANDOLT A,OBRIST D. Tomographic PIV behind a prosthetic heart valve［J］. Experiments in Fluids,2016,57（5）：5-13.

［5］刘顺,徐惊雷,俞凯凯. 基于 PIV 技术的压力场重构算法实现与研究［J］. 实验流体力学,2016,30（04）：56-65.

［6］SCHLEER M,ABHARI R S. Clearance effects on the evolution of the flow in the vaneless diffuser of a centrifugal compressor at part load condition［J］. Journal of Turbomachinery,2008,130（3）：1-9.

［7］STIEGER R D,HODSON H P. The transition mechanism of highly loaded low-pressure turbine blades［J］. Journal of Turbomachinery,2004,126（4）：536-543.

［8］刘波,周强,靳军,等. 压力敏感涂料技术及其应用［J］. 西安：航空动力学报,2006(02)：225-233.

［9］张雪,衷洪杰,王猛,等. 跨声速叶栅叶片快速响应 PSP 测量研究［J］. 空气动力学学报,2019,37（4）：586-592,599.

［10］畅里华,谭显祥,汪伟,等. 纹影摄影技术及其应用［C］//. 武夷山:第四届全国爆炸力学实验技术学术会议论文集. 2006：329-334.

［11］Institute of Thermal Turbomachinery and Machine Dynamics. Colour Schlierern Visualization. ［Z/OL］https：//www. tugraz. at/institute/ittm/capabilities/measurement-techniques/colour-schlieren-visualization/. 2016.

［12］WANG Q,WU Y,CHENG H T,et al. A schlieren motion estimation method for seedless velocimetry measurement［J］. Experimental Thermal and Fluid Science,2019,109：109880.

附录 A　国际标准大气表

H/m	T/K	$c/(m \cdot s^{-1})$	p/Pa	$\rho/(kg \cdot m^{-3})$
0	288.2	340.3	1.0133×10^5	1.225
100	287.6	340.0	0.9794×10^5	1.187
500	284.9	338.4	0.95461	1.167
1000	281.7	336.4	0.89876	1.111
1500	278.2	334.5	0.84560	1.058
2000	275.2	332.5	0.79501	1.007
2500	271.9	330.6	0.74692	0.9570
3000	268.7	328.6	0.70121	0.9093
3500	265.4	326.6	0.65780	0.8634
4000	262.2	324.6	0.61660	0.8194
4500	258.9	322.6	0.57753	0.7770
5000	255.7	320.5	0.54048	0.7364
5500	252.4	318.5	0.50539	0.6975
6000	249.2	316.5	0.47218	0.6601
6500	245.9	314.4	0.44075	0.6243
7000	242.7	312.3	0.41105	0.5900
7500	239.5	310.2	0.38300	0.5572
8000	236.2	308.1	0.35652	0.5258
8500	233.0	306.0	0.33154	0.4958
9000	229.7	303.8	0.30801	0.4671
9500	226.5	301.7	0.28585	0.4397
10000	223.3	299.5	0.26500	0.4135
11000	216.7	295.1	0.22700	0.3648
12000	216.7	295.1	0.19399	0.3119
13000	216.7	295.1	0.16580	0.2666
14000	216.7	295.1	0.14170	0.2279
15000	216.7	295.1	0.12112	0.1948
16000	216.7	295.1	0.10353	0.1665
17000	216.7	295.1	8.8497×10^3	0.1432

H/m	T/K	$c/(\text{m} \cdot \text{s}^{-1})$	p/Pa	$\rho/(\text{kg} \cdot \text{m}^{-3})$
18000	216. 7	295. 1	7.5652×10^3	0. 1217
19000	216. 7	295. 1	6. 4675	0. 1040
20000	216. 7	295. 1	5. 5293	0. 08891
25000	221. 5	298. 4	2. 5492	0. 04008
30000	226. 5	301. 7	1. 1970	0. 01841
35000	236. 5	308. 3	0. 57459	0. 008463
40000	250. 4	317. 2	0. 28714	0. 003996
45000	264. 2	325. 3	0. 14910	0. 001966
50000	270. 7	329. 8	79. 779	0. 001027
55000	265. 6	326. 7	42. 7516	0. 0005608
60000	255. 8	320. 6	22. 461	0. 0003059
65000	239. 3	310. 1	11. 446	0. 0001667
70000	219. 7	297. 1	5. 5205	0. 0000875
75000	200. 2	283. 6	2. 4904	0. 0000434
80000	180. 7	269. 4	1. 0366	0. 00002

附录 B 流动参数与马赫数 *Ma* 的关系
(*Ma* 为 0.01~2.0)

$Ma = \dfrac{c}{a}$	$\dfrac{p}{p_0} = \pi(\lambda)$	$\dfrac{\rho}{\rho_0} = \varepsilon(\lambda)$	$\dfrac{T}{T_0} = \tau(\lambda)$	$\dfrac{A^*}{A} = q(\lambda)$	$\lambda = \dfrac{c}{a^*}$
0.00	1.000000	1.000000	1.000000	0.000000	0.000000
0.01	0.999930	0.999950	0.999980	0.017279	0.010954
0.02	0.999720	0.999800	0.999920	0.034552	0.021908
0.03	0.999370	0.999550	0.999820	0.051812	0.032860
0.04	0.998881	0.999200	0.999680	0.069054	0.043811
0.05	0.998252	0.998751	0.999500	0.086271	0.054759
0.06	0.997484	0.998202	0.999281	0.103456	0.065703
0.07	0.996578	0.997554	0.999021	0.120605	0.076644
0.08	0.995533	0.996807	0.998722	0.137711	0.087580
0.09	0.994351	0.995961	0.998383	0.154767	0.098510
0.10	0.993031	0.995017	0.998004	0.171767	0.109435
0.11	0.991576	0.993976	0.997586	0.188707	0.120353
0.12	0.989985	0.992836	0.997128	0.205579	0.131265
0.13	0.988259	0.991600	0.996631	0.222377	0.142168
0.14	0.986400	0.990267	0.996095	0.239097	0.153063
0.15	0.984408	0.988838	0.995520	0.255732	0.163948
0.16	0.982285	0.987314	0.994906	0.272276	0.174824
0.17	0.980030	0.985695	0.994253	0.288725	0.185690
0.18	0.977647	0.983982	0.993562	0.305071	0.196544
0.19	0.975135	0.982176	0.992832	0.321310	0.207387
0.20	0.972497	0.980277	0.992063	0.337437	0.218218
0.21	0.969733	0.978286	0.991257	0.353445	0.229036
0.22	0.966845	0.976204	0.990413	0.369330	0.239840
0.23	0.963835	0.974032	0.989531	0.385088	0.250630
0.24	0.960703	0.971771	0.988611	0.400711	0.261405
0.25	0.957453	0.969421	0.987654	0.416197	0.272166

$Ma = \dfrac{c}{a}$	$\dfrac{p}{p_0} = \pi(\lambda)$	$\dfrac{\rho}{\rho_0} = \varepsilon(\lambda)$	$\dfrac{T}{T_0} = \tau(\lambda)$	$\dfrac{A^*}{A} = q(\lambda)$	$\lambda = \dfrac{c}{a^*}$
0.26	0.954085	0.966984	0.986660	0.431539	0.282910
0.27	0.950600	0.964460	0.985630	0.446734	0.293637
0.28	0.947002	0.961851	0.984562	0.461776	0.304348
0.29	0.943291	0.959157	0.983458	0.476661	0.315041
0.30	0.939470	0.956380	0.982318	0.491385	0.325715
0.31	0.935540	0.953521	0.981142	0.505943	0.336371
0.32	0.931503	0.950580	0.979931	0.520332	0.347007
0.33	0.927362	0.947560	0.978684	0.534546	0.357623
0.34	0.923118	0.944460	0.977402	0.548584	0.368219
0.35	0.918773	0.941283	0.976086	0.562440	0.378794
0.36	0.914330	0.938029	0.974735	0.576110	0.389347
0.37	0.909790	0.934700	0.973350	0.589593	0.399877
0.38	0.905156	0.931297	0.971931	0.602883	0.410385
0.39	0.900430	0.927821	0.970478	0.615978	0.420870
0.40	0.895614	0.924274	0.968992	0.628875	0.431331
0.41	0.890711	0.920657	0.967474	0.641571	0.441768
0.42	0.885722	0.916971	0.965922	0.654063	0.452180
0.43	0.880651	0.913217	0.964339	0.666348	0.462566
0.44	0.875498	0.909398	0.962723	0.678424	0.472927
0.45	0.870267	0.905513	0.961076	0.690287	0.483261
0.46	0.864960	0.901566	0.959.398	0.701937	0.493569
0.47	0.859580	0.897556	0.957689	0.713371	0.503849
0.48	0.854128	0.893486	0.955950	0.724587	0.514102
0.49	0.848607	0.889357	0.954180	0.735582	0.524327
0.50	0.843019	0.885170	0.952381	0.746356	0.534522
0.51	0.837367	0.880927	0.950552	0.756906	0.544689
0.52	0.831654	0.876629	0.948695	0.767231	0.554826
0.53	0.825881	0.872278	0.946808	0.777331	0.564934
0.54	0.820050	0.867876	0.944894	0.787203	0.575011
0.55	0.814165	0.863422	0.942951	0.796846	0.585057
0.56	0.808228	0.858920	0.940982	0.806260	0.595072
0.57	0.802241	0.854371	0.938985	0.815444	0.605055

$Ma = \dfrac{c}{a}$	$\dfrac{p}{p_0} = \pi(\lambda)$	$\dfrac{\rho}{\rho_0} = \varepsilon(\lambda)$	$\dfrac{T}{T_0} = \tau(\lambda)$	$\dfrac{A^*}{A} = q(\lambda)$	$\lambda = \dfrac{c}{a^*}$
0.58	0.796206	0.849775	0.936961	0.824397	0.615006
0.59	0.790127	0.845135	0.934911	0.833119	0.624925
0.60	0.784004	0.840452	0.932836	0.841610	0.634811
0.61	0.777841	0.835728	0.930735	0.849868	0.644664
0.62	0.771639	0.830963	0.928609	0.857894	0.654483
0.63	0.765402	0.826160	0.926458	0.865688	0.664269
0.64	0.759131	0.821319	0.924283	0.873249	0.674020
0.65	0.752829	0.816443	0.922084	0.880579	0.683737
0.66	0.746498	0.811533	0.919862	0.887678	0.693419
0.67	0.740140	0.806590	0.917616	0.894545	0.703066
0.68	0.733758	0.801616	0.915349	0.901181	0.712677
0.69	0.727353	0.796612	0.913059	0.907588	0.722252
0.70	0.720928	0.791579	0.910747	0.913766	0.731792
0.71	0.714485	0.786519	0.908414	0.919715	0.741295
0.72	0.708025	0.781434	0.906060	0.925437	0.750761
0.73	0.701552	0.776324	0.903685	0.930932	0.760190
0.74	0.695068	0.771191	0.901291	0.936203	0.769582
0.75	0.688573	0.766037	0.898876	0.941250	0.778936
0.76	0.682070	0.760863	0.896443	0.946074	0.788253
0.77	0.675562	0.755670	0.893991	0.950678	0.797531
0.78	0.669050	0.750460	0.891520	0.955062	0.806772
0.79	0.662536	0.745234	0.889031	0.959228	0.815974
0.80	0.656022	0.739992	0.886525	0.963178	0.825137
0.81	0.649509	0.734738	0.884001	0.966913	0.834261
0.82	0.643000	0.729471	0.881461	0.970436	0.843347
0.83	0.636496	0.724193	0.878905	0.973749	0.852392
0.84	0.630000	0.718905	0.876332	0.976853	0.861399
0.85	0.623512	0.713609	0.873744	0.979750	0.870365
0.86	0.617034	0.708306	0.871141	0.982443	0.879292
0.87	0.610569	0.702997	0.868523	0.984934	0.888179
0.88	0.604117	0.697683	0.865891	0.987224	0.897026
0.89	0.597680	0.692365	0.863245	0.989317	0.905832

$Ma = \dfrac{c}{a}$	$\dfrac{p}{p_0} = \pi(\lambda)$	$\dfrac{\rho}{\rho_0} = \varepsilon(\lambda)$	$\dfrac{T}{T_0} = \tau(\lambda)$	$\dfrac{A^*}{A} = q(\lambda)$	$\lambda = \dfrac{c}{a^*}$
0.90	0.591260	0.687044	0.860585	0.991215	0.914598
0.91	0.584858	0.681722	0.857913	0.992920	0.923323
0.92	0.578476	0.676400	0.855227	0.994434	0.932007
0.93	0.572114	0.671079	0.852529	0.995760	0.940650
0.94	0.565775	0.665759	0.849820	0.996901	0.949253
0.95	0.559460	0.660443	0.847099	0.997859	0.957814
0.96	0.553170	0.655130	0.844366	0.998637	0.966334
0.97	0.546905	0.649822	0.841623	0.999238	0.974813
0.98	0.540669	0.644520	0.838870	0.999663	0.983250
0.99	0.534460	0.639225	0.836106	0.999916	0.991646
1.00	0.528282	0.633938	0.833333	1.000000	1.000000
1.01	0.522134	0.628660	0.830551	0.999917	1.008312
1.02	0.516018	0.623391	0.827760	0.999670	1.016583
1.03	0.509935	0.618133	0.824960	0.999263	1.024812
1.04	0.503886	0.612887	0.822152	0.998697	1.032999
1.05	0.497872	0.607653	0.819336	0.997975	1.041145
1.06	0.491894	0.602432	0.816513	0.997101	1.049248
1.07	0.485952	0.597225	0.813683	0.996077	1.057309
1.08	0.480047	0.592033	0.810846	0.994907	1.065328
1.09	0.474181	0.586856	0.808002	0.993592	1.073306
1.10	0.468354	0.581696	0.805153	0.992137	1.081241
1.11	0.462567	0.576553	0.802298	0.990543	1.089134
1.12	0.456820	0.571427	0.799437	0.988814	1.096985
1.13	0.451114	0.566320	0.796572	0.986953	1.104794
1.14	0.445451	0.561232	0.793701	0.984962	1.112561
1.15	0.439829	0.556164	0.790826	0.982845	1.120286
1.16	0.434251	0.551116	0.787948	0.980604	1.127969
1.17	0.428716	0.546090	0.785065	0.978242	1.135610
1.18	0.423225	0.541085	0.782179	0.975762	1.143209
1.19	0.417778	0.536102	0.779290	0.973167	1.150766
1.20	0.412377	0.531142	0.776398	0.970459	1.158281
1.21	0.407021	0.526205	0.773503	0.967642	1.165754

$Ma = \dfrac{c}{a}$	$\dfrac{p}{p_0} = \pi(\lambda)$	$\dfrac{\rho}{\rho_0} = \varepsilon(\lambda)$	$\dfrac{T}{T_0} = \tau(\lambda)$	$\dfrac{A^*}{A} = q(\lambda)$	$\lambda = \dfrac{c}{a^*}$
1.22	0.401711	0.521292	0.770606	0.964719	1.173185
1.23	0.396446	0.516403	0.767707	0.961691	1.180575
1.24	0.391229	0.511539	0.764807	0.958562	1.187923
1.25	0.386058	0.506701	0.761905	0.955335	1.195229
1.26	0.380934	0.501888	0.759002	0.952012	1.202493
1.27	0.375857	0.497102	0.756098	0.948597	1.209716
1.28	0.370828	0.492342	0.753194	0.945091	1.216897
1.29	0.365847	0.487608	0.750289	0.941497	1.224037
1.30	0.360914	0.482903	0.747384	0.937818	1.231136
1.31	0.356029	0.478225	0.744480	0.934057	1.238193
1.32	0.351192	0.473575	0.741576	0.930217	1.245209
1.33	0.346403	0.468953	0.738672	0.926299	1.252184
1.34	0.341663	0.464361	0.735770	0.922306	1.259118
1.35	0.336971	0.459797	0.732869	0.918241	1.266011
1.36	0.332328	0.455263	0.729970	0.914107	1.272864
1.37	0.327733	0.450758	0.727072	0.909905	1.279675
1.38	0.323187	0.446283	0.724176	0.905639	1.286447
1.39	0.318690	0.441838	0.721282	0.901310	1.293177
1.40	0.314241	0.437423	0.718391	0.896921	1.299867
1.41	0.309840	0.433039	0.715502	0.892474	1.306517
1.42	0.305488	0.428686	0.712616	0.887972	1.313127
1.43	0.301185	0.424363	0.709733	0.883416	1.319697
1.44	0.296929	0.420072	0.706854	0.878810	1.326227
1.45	0.292722	0.415812	0.703977	0.874154	1.332717
1.46	0.288563	0.411583	0.701105	0.869452	1.339168
1.47	0.284452	0.407386	0.698236	0.864706	1.345579
1.48	0.280388	0.403220	0.695372	0.859917	1.351951
1.49	0.276372	0.399086	0.692511	0.855087	1.358283
1.50	0.272403	0.394984	0.689655	0.850219	1.364576
1.51	0.268481	0.390914	0.686804	0.845315	1.370831
1.52	0.264607	0.386876	0.683957	0.840377	1.377047
1.53	0.260779	0.382870	0.681115	0.835405	1.383224

$Ma = \dfrac{c}{a}$	$\dfrac{p}{p_0} = \pi(\lambda)$	$\dfrac{\rho}{\rho_0} = \varepsilon(\lambda)$	$\dfrac{T}{T_0} = \tau(\lambda)$	$\dfrac{A^*}{A} = q(\lambda)$	$\lambda = \dfrac{c}{a^*}$
1.54	0.256997	0.378897	0.678279	0.830404	1.389362
1.55	0.253262	0.374955	0.675447	0.825373	1.395462
1.56	0.249573	0.371045	0.672622	0.820315	1.401524
1.57	0.245930	0.367168	0.669801	0.815232	1.407548
1.58	0.242332	0.363323	0.666987	0.810126	1.413534
1.59	0.238779	0.359510	0.664178	0.804998	1.419483
1.60	0.235271	0.355730	0.661376	0.799850	1.425393
1.61	0.231808	0.351982	0.658579	0.794683	1.431267
1.62	0.228389	0.348266	0.655789	0.789499	1.437103
1.63	0.225014	0.344582	0.653006	0.784300	1.442902
1.64	0.221683	0.340930	0.650229	0.779088	1.448664
1.65	0.218395	0.337311	0.647459	0.773863	1.454389
1.66	0.215150	0.333723	0.644695	0.768627	1.460078
1.67	0.211948	0.330168	0.641939	0.763382	1.465730
1.68	0.208788	0.326644	0.639190	0.758129	1.471346
1.69	0.205670	0.323152	0.636448	0.752869	1.476926
1.70	0.202593	0.319693	0.633714	0.747604	1.482470
1.71	0.199558	0.316264	0.630986	0.742335	1.487979
1.72	0.196564	0.312868	0.628267	0.737064	1.493452
1.73	0.193611	0.309502	0.625555	0.731790	1.498889
1.74	0.190697	0.306169	0.622851	0.726517	1.504292
1.75	0.187824	0.302866	0.620155	0.721245	1.509659
1.76	0.184990	0.299595	0.617467	0.715974	1.514991
1.77	0.182195	0.296354	0.614787	0.710707	1.520289
1.78	0.179438	0.293145	0.612115	0.705444	1.525552
1.79	0.176720	0.289966	0.609451	0.700187	1.530781
1.80	0.174040	0.286818	0.606796	0.694936	1.535976
1.81	0.171398	0.283701	0.604149	0.689692	1.541137
1.82	0.168792	0.280614	0.601511	0.684456	1.546265
1.83	0.166224	0.277557	0.598881	0.679230	1.551358
1.84	0.163691	0.274530	0.596260	0.674014	1.556418
1.85	0.161195	0.271533	0.593648	0.668809	1.561446

$Ma = \dfrac{c}{a}$	$\dfrac{p}{p_0} = \pi(\lambda)$	$\dfrac{\rho}{\rho_0} = \varepsilon(\lambda)$	$\dfrac{T}{T_0} = \tau(\lambda)$	$\dfrac{A^*}{A} = q(\lambda)$	$\lambda = \dfrac{c}{a^*}$
1.86	0.158734	0.268566	0.591044	0.663617	1.566440
1.87	0.156309	0.265628	0.588450	0.658436	1.571401
1.88	0.153918	0.262720	0.585864	0.653270	1.576329
1.89	0.151562	0.259841	0.583288	0.648118	1.581226
1.90	0.149240	0.256991	0.580720	0.642981	1.586089
1.91	0.146951	0.254169	0.578162	0.637859	1.590921
1.92	0.144696	0.251377	0.575612	0.632755	1.595721
1.93	0.142473	0.248613	0.573072	0.627668	1.600489
1.94	0.140283	0.245877	0.570542	0.622598	1.605226
1.95	0.138126	0.243170	0.568020	0.617547	1.609931
1.96	0.135999	0.240490	0.565509	0.612516	1.614605
1.97	0.133905	0.237839	0.563006	0.607504	1.619248
1.98	0.131841	0.235215	0.560513	0.602512	1.623860
1.99	0.129808	0.232618	0.558029	0.597542	1.628442
2.00	0.127805	0.230048	0.555556	0.592593	1.632993

附录 C 铂铑 10-铂热电偶（S 型）分度表（ITS-90）

温度/℃	热电动势/mV									
	0	10	20	30	40	50	60	70	80	90
0	0.000	0.055	0.113	0.173	0.235	0.299	0.365	0.432	0.502	0.573
100	0.645	0.719	0.795	0.872	0.950	1.029	1.109	1.190	1.273	1.356
200	1.440	1.525	1.611	1.698	1.785	1.873	1.962	2.051	2.141	2.232
300	2.323	2.414	2.506	2.599	2.692	2.786	2.880	2.974	3.069	3.164
400	3.260	3.356	3.452	3.549	3.645	3.743	3.840	3.938	4.036	4.135
500	4.234	4.333	4.432	4.532	4.632	4.732	4.832	4.933	5.034	5.136
600	5.237	5.339	5.442	5.544	5.648	5.751	5.855	5.960	6.065	6.169
700	6.274	6.380	6.486	6.592	6.699	6.805	6.913	7.020	7.128	7.236
800	7.345	7.454	7.563	7.672	7.782	7.892	8.003	8.114	8.255	8.336
900	8.448	8.560	8.673	8.786	8.899	9.012	9.126	9.240	9.355	9.470
1000	9.585	9.700	9.816	9.932	10.048	10.165	10.282	10.400	10.517	10.635
1100	10.754	10.872	10.991	11.110	11.229	11.348	11.467	11.587	11.707	11.827
1200	11.947	12.067	12.188	12.308	12.429	12.550	12.671	12.792	12.912	13.034
1300	13.155	13.397	13.397	13.519	13.640	13.761	13.883	14.004	14.125	14.247
1400	14.368	14.610	14.610	14.731	14.852	14.973	15.094	15.215	15.336	15.456
1500	15.576	15.697	15.817	15.937	16.057	16.176	16.296	16.415	16.534	16.653
1600	16.771	16.890	17.008	17.125	17.243	17.360	17.477	17.594	17.711	17.826
1700	17.942	18.055	18.170	18.282	18.394	18.504	18.612	—	—	—

附录 D 铂铑 30-铂铑 6 热电偶(B 型)分度表

温度 /℃	热电动势/mV									
	0	10	20	30	40	50	60	70	80	90
0	−0.000	−0.002	−0.003	0.002	0.000	0.002	0.006	0.110	0.017	0.025
100	0.033	0.043	0.053	0.065	0.078	0.092	0.107	0.123	0.140	0.159
200	0.178	0.199	0.220	0.243	0.266	0.291	0.317	0.344	0.372	0.401
300	0.431	0.462	0.494	0.527	0.516	0.596	0.632	0.669	0.707	0.746
400	0.786	0.827	0.870	0.913	0.957	1.002	1.048	1.095	1.143	1.192
500	1.241	1.292	1.344	1.397	1.450	1.505	1.560	1.617	1.674	l.732
600	1.791	1.851	1.912	1.974	2.036	2.100	2.164	2.230	2.296	2.363
700	2.430	2.499	2.569	2.639	2.710	2.782	2.855	2.928	3.003	3.078
800	3.154	3.231	3.308	3.387	3.466	3.546	2.626	3.708	3.790	3.873
900	3.957	4.041	4.126	4.212	4.298	4.386	4.474	4.562	4.652	4.742
1000	4.833	4.924	5.016	5.109	5.202	5.300	5.391	5.487	5.583	5.680
1100	5.777	5.875	5.973	6.073	6.172	6.273	6.374	6.475	6.577	6.680
1200	6.783	6.887	6.991	7.096	7.202	7.038	7.414	7.521	7.628	7.736
1300	7.845	7.953	8.063	8.172	8.283	8.393	8.504	8.616	8.727	8.839
1400	8.952	9.065	9.178	9.291	9.405	9.519	9.634	9.748	9.863	9.979
1500	10.094	10.210	10.325	10.441	10.588	10.674	10.790	10.907	11.024	11.141
1600	11.257	11.374	11.491	11.608	11.725	11.842	11.959	12.076	12.193	12.310
1700	12.426	12.543	12.659	12.776	12.892	13.008	13.124	13.239	13.354	13.470
1800	13.585	13.699	13.814	—	—	—	—	—	—	—

附录 E 镍铬-铜镍(康铜)热电偶(E 型)分度表

温度/℃	热电动势/mV									
	0	10	20	30	40	50	60	70	80	90
0	0.000	0.591	1.192	1.801	2.419	3.047	3.683	4.329	4.983	5.646
100	6.317	6.996	7.683	8.377	9.078	9.787	10.501	11.222	11.949	12.681
200	13.419	14.161	14.909	15.661	16.417	17.178	17.942	18.710	19.481	20.256
300	21.033	21.814	22.597	23.383	24.171	24.961	25.754	26.549	27.345	28.143
400	28.943	29.744	30.546	31.350	32.155	32.960	33.767	34.574	35.382	36.190
500	36.999	37.808	38.617	39.426	40.236	41.045	41.853	42.662	43.470	44.278
600	45.085	45.891	46.697	47.502	48.306	49.109	49.911	50.713	51.513	52.312
700	53.110	53.907	54.703	55.498	56.291	57.083	57.873	58.663	59.451	60.237
800	61.022	61.806	62.588	63.368	64.147	64.924	65.700	66.473	67.245	68.015
900	68.783	69.549	70.313	71.075	71.835	72.593	73.350	74.104	74.857	75.608
1000	76.358	—	—	—	—	—	—	—	—	—

附录 F 铁-铜镍(康铜)热电偶(J型)分度表

温度 /℃	热电动势/mV									
	0	10	20	30	40	50	60	70	80	90
0	0.000	0.507	1.019	1.536	2.058	2.585	3.115	3.649	4.186	4.725
100	5.268	5.812	6.359	6.907	7.457	8.008	8.560	9.113	9667	10.222
200	10.777	1.332	11.887	12.442	12.998	13.553	14.108	14.663	15.217	15.771
300	16.325	16.879	17.432	17.984	18.537	19.089	19.64	20.192	20.743	21.295
400	21.846	22.397	22.949	23.501	24.054	24.607	25.161	25.716	26.272	26.829
500	27.388	27.949	28.511	29.075	29.642	30.21	30.782	31.356	31.933	32.513
600	33.096	33.683	34.273	34.867	35.464	36.066	36.671	37.280	37.893	38.510
700	39.130	39.754	40.382	41.013	41.647	42.288	42.922	43.563	44.207	44.852
800	45.498	46.144	46.790	47.434	48.076	48.716	49.354	49.989	50.621	51.249
900	51.875	52.496	53.115	53.729	54.341	54.948	55.553	56.155	56.753	57.349
1000	57.942	58.533	59.121	59.708	60.293	60.876	61.459	62.039	62.619	63.199
1100	63.777	64.355	64.933	65.51	66.087	66.664	67.240	67.815	68.390	68.964
1200	69.536	—	—	—	—	—	—	—	—	—

附录 G 铜-铜镍(康铜)热电偶(T 型)分度表

温度 /℃	热电动势/mV									
	0	10	20	30	40	50	60	70	80	90
−200	−5.603	—	—	—	—	—	—	—	—	—
−100	−3.378	−3.378	−3.923	−4.177	−4.419	−4.648	−4.865	−5.069	−5.261	−5.439
0	0.000	0.383	−0.757	−1.121	1.475	−1.819	−2.152	−2.475	−2.788	−3.089
0	0.000	0.391	0.789	1.196	1.611	2.035	2.467	2.980	3.357	3.813
100	4.277	4.749	5.227	5.712	6.204	6.702	7.207	7.718	8.235	8.757
200	9.268	9.820	10.360	10.905	11.456	12.011	12.572	13.137	13.707	14.281
300	14.860	15.443	16.030	16.621	17.217	17.816	18.420	19.027	19.638	20.252
400	20.869	—	—	—	—	—	—	—	—	—

附录 H 铂热电阻值分度表

温度 /℃	热电阻值/Ω									
	0	−1	−2	−3	−4	−5	−6	−7	−8	−9
−200	18.49	—	—	—	—	—	—	—	—	—
−190	22.80	22.37	21.94	21.51	21.08	20.65	20.22	19.79	19.36	18.93
−180	27.08	26.65	26.23	25.80	25.37	24.94	24.52	24.09	23.66	23.23
−170	31.32	30.90	30.47	30.05	29.63	29.20	28.78	28.35	27.93	27.50
−160	35.53	35.11	34.69	34.27	33.85	33.43	33.01	32.59	32.16	31.74
−150	39.71	39.30	38.88	38.46	38.04	37.63	37.21	36.79	36.37	35.95
−140	43.87	43.45	43.04	42.63	42.21	41.79	41.38	40.96	40.55	40.13
−130	48.00	47.59	47.18	46.76	46.35	45.94	45.52	45.11	44.70	44.28
−120	52.11	51.70	51.20	50.88	50.47	50.06	49.64	49.23	48.82	48.41
−110	56.19	55.78	55.38	54.97	54.56	54.15	53.74	53.33	52.92	52.52
−100	60.25	59.85	59.44	59.04	58.63	58.22	57.82	57.41	57.00	56.60
−90	64.30	63.90	63.49	63.09	62.68	62.28	61.87	61.47	61.06	60.66
−80	68.33	67.92	67.52	67.12	66.72	66.31	65.91	65.51	65.11	64.70
−70	72.33	71.93	71.53	71.13	70.73	70.33	69.93	69.53	69.13	68.73
−60	76.33	75.93	75.53	75.13	74.73	74.33	73.93	73.53	73.13	72.73
−50	80.31	79.91	79.51	79.11	78.72	78.32	77.92	77.52	77.13	76.73
−40	84.27	83.88	83.48	83.08	82.69	82.29	81.89	81.50	81.10	80.70
−30	88.22	87.83	87.43	87.04	86.64	86.25	85.85	85.46	85.06	84.67
−20	92.16	91.77	91.37	90.98	90.59	90.19	89.80	89.40	89.01	88.62
−10	96.09	95.69	95.30	94.91	94.52	94.12	93.75	93.34	92.95	92.55
0	100.00	99.61	99.22	98.83	98.44	98.04	97.65	97.26	96.87	96.48

温度 /℃	热电阻值/Ω									
	0	1	2	3	4	5	6	7	8	9
0	100.00	100.39	100.78	101.17	101.56	101.95	102.34	102.73	103.12	103.61
10	103.90	104.29	104.68	106.07	105.46	105.85	106.24	106.63	107.02	107.00
20	107.79	108.18	108.57	108.96	109.35	109.73	110.12	110.51	110.90	111.28
30	111.67	112.06	112.45	112.83	113.22	113.61	113.99	114.38	114.77	115.15
40	115.54	115.93	116.31	116.70	117.08	117.47	117.85	118.24	118.62	119.01
50	119.40	119.78	120.16	120.55	120.93	112.32	121.70	122.09	122.47	122.86
60	123.24	123.62	124.01	124.39	124.77	125.16	125.54	125.92	126.31	126.69
70	127.07	127.45	127.84	128.22	128.60	128.80	129.37	129.75	130.13	130.51
80	130.89	131.27	131.66	132.04	132.42	132.80	133.18	133.56	133.94	134.32

续表

温度 /℃	热电阻值/Ω									
	0	1	2	3	4	5	6	7	8	9
90	134.70	135.08	135.46	135.84	136.22	136.60	136.98	137.36	137.74	138.12
100	138.50	138.88	139.26	139.64	140.02	140.39	140.77	141.15	141.53	141.91
110	142.29	142.66	143.04	143.42	143.80	144.17	144.55	144.93	145.31	145.68
120	146.06	146.44	146.81	147.19	147.57	147.94	148.32	148.70	149.07	149.45
130	149.82	150.20	150.57	150.95	151.33	151.70	152.08	152.45	152.83	153.20
140	153.58	153.95	154.32	154.70	155.07	155.45	155.82	156.19	156.57	156.94
150	157.31	157.69	158.06	158.43	158.81	159.18	159.55	159.93	160.30	160.67
160	161.04	161.42	161.79	162.16	162.53	162.90	163.27	163.65	164.02	164.39
170	164.76	165.13	165.50	165.87	166.14	166.61	166.98	167.35	167.72	168.09
180	168.46	168.83	169.20	169.57	169.94	170.31	170.68	171.05	171.42	171.79
190	172.16	172.53	172.90	173.26	173.63	174.00	174.37	174.74	175.10	175.47
200	175.84	176.21	176.57	176.94	177.31	177.68	178.04	178.41	178.78	179.14
210	179.51	179.88	180.24	180.61	180.97	181.34	181.71	182.07	182.44	182.80
220	183.17	183.53	183.90	184.26	184.63	184.99	185.36	185.72	186.09	186.45
230	186.82	187.18	187.54	187.91	188.27	188.63	189.00	189.36	189.72	190.09
240	190.45	190.81	191.18	191.54	191.90	192.26	192.63	192.99	193.35	193.71
250	194.07	194.44	194.80	195.16	195.52	195.88	196.24	196.60	196.96	197.33
260	197.69	198.05	198.41	198.77	199.13	199.49	199.85	200.21	200.57	200.93
270	201.29	201.65	202.01	202.36	202.72	203.08	203.44	203.80	204.16	204.52
280	204.81	205.23	205.59	205.95	206.31	206.67	207.02	207.38	207.74	208.10
290	208.45	208.81	209.17	209.52	209.88	210.24	210.59	210.95	211.31	211.66
300	212.02	212.37	212.73	213.09	213.44	213.80	214.15	214.51	214.60	215.22
310	215.57	215.93	216.28	216.64	216.99	217.35	217.70	218.05	218.41	218.76
320	219.12	219.47	219.82	220.18	220.53	220.88	221.24	221.59	221.94	222.29
330	222.65	223.00	223.35	223.70	224.06	224.41	224.76	225.11	225.46	225.81
340	226.17	226.52	226.87	227.22	227.57	227.92	228.27	228.62	228.97	229.32
350	229.67	230.02	230.87	230.72	231.07	231.42	231.77	232.12	232.47	232.20
360	233.17	233.52	233.87	234.22	234.56	234.91	235.26	235.61	235.96	236.63
370	236.50	237.00	237.85	237.70	238.04	238.39	238.74	239.09	239.43	239.78
380	240.13	240.47	240.82	241.17	241.51	241.86	242.20	242.55	242.00	243.24
390	243.59	243.93	244.28	244.62	244.97	245.31	245.60	246.00	246.35	246.69
400	247.04	247.38	247.73	248.07	248.41	248.76	249.10	249.45	249.79	250.13
410	250.48	250.82	251.16	251.50	251.85	252.19	252.53	252.88	253.22	253.56
420	253.90	254.24	254.59	254.93	255.27	255.61	255.95	256.29	256.64	256.98
430	257.32	257.66	258.00	258.34	258.68	259.02	259.36	259.70	260.04	260.38
440	260.72	261.06	261.40	261.74	262.08	262.42	262.76	263.10	263.43	263.77
450	264.11	264.45	264.79	265.13	265.47	265.80	266.14	266.48	266.82	267.15
460	267.49	267.83	268.17	268.50	268.84	269.18	269.51	269.85	270.19	270.52

温度 /℃	热电阻值/Ω									
	0	1	2	3	4	5	6	7	8	9
470	270.86	271.20	271.53	271.87	272.20	272.54	272.88	273.21	273.55	273.88
480	274.22	274.55	274.89	275.22	275.56	275.89	276.23	276.56	276.89	277.23
490	277.56	277.90	278.23	278.56	278.90	279.23	279.56	279.90I	280.23	280.56
500	280.90	281.23	281.56	281.89	282.23	282.56	282.89	283.22	283.55	283.89
510	284.22	284.55	284.88	285.21	285.54	285.87	286.21	286.54	286.87	287.20
520	287.53	287.86	288.19	288.52	288.85	289.18	289.51	289.84	290.17	290.50
530	290.83	291.16	291.49	291.81	292.14	292.47	292.80	293.13	293.46	293.79
540	294.11	294.44	294.77	295.10	295.43	295.75	296.08	296.41	296.74	297.06
550	297.39	297.72	298.04	298.37	298.70	299.02	299.35	299.68	300.00	300.33
560	300.65	300.98	301.31	301.63	301.96	302.28	302.61	302.93	303.26	303.58
570	303.91	304.23	304.56	304.88	305.20	305.53	305.85	306.18	306.50	306.82
580	307.15	307.47	307.79	308.12	308.44	308.76	309.09	309.41	309.73	310.05
590	310.38	310.70	311.02	311.34	311.67	311.99	312.31	312.63	312.95	313.27
600	313.59	313.92	314.24	314.56	314.88	315.20	315.52	315.84	316.16	316.48
610	316.80	317.12	317.44	317.76	318.08	318.40	318.72	319.04	319.36	319.68
620	319.99	320.31	320.63	320.95	321.27	321.59	321.91	322.22	322.54	322.86
630	323.18	323.49	323.81	324.13	324.45	324.76	325.08	325.40	325.72	326.03
640	326.35	320.60	326.98	327.30	327.61	327.93	328.25	328.56	328.80	239.19
650	329.51	329.82	330.14	330.45	330.77	331.08	331.40	331.71	332.03	332.34
660	332.66	332.97	333.28	333.60	333.91	334.23	334.54	334.85	335.17	335.48
670	335.79	336.11	336.42	336.73	337.04	337.36	337.67	337.98	338.29	338.61
680	338.92	339.23	339.54	339.85	340.16	340.48	340.79	341.10	341.41	341.72
690	342.03	342.34	342.65	342.96	343.27	343.58	343.89	344.20	344.51	344.82
700	345.13	345.44	345.75	346.06	346.37	346.68	346.99	347.30	347.60	347.91
710	348.22	348.53	348.84	349.15	349.45	349.76	350.07	350.38	350.69	350.99
720	351.30	351.61	351.91	352.22	352.53	352.83	353.14	353.45	353.75	354.06
730	354.37	354.67	354.98	355.28	355.59	355.90	356.20	356.51	356.81	357.12
740	357.42	357.73	358.03	358.34	358.64	358.95	359.25	359.55	359.86	360.16
750	360.47	360.77	361.07	361.38	361.68	361.98	362.29	362.59	362.89	363.19
760	363.50	368.80	364.10	364.40	364.71	365.01	365.31	365.61	365.91	366.22
770	366.52	366.82	367.12	367.42	367.72	368.02	368.32	368.63	368.93	369.23
780	369.53	369.83	370.13	370.43	370.73	371.03	371.33	371.63	371.93	372.22
790	372.52	372.82	373.12	373.42	373.72	374.02	374.32I	374.61	374.91	375.21
800	375.51	375.81	376.10	376.40	376.70	377.00	377.20	377.59	377.89	378.19
810	378.48	378.78	379.08	379.37	379.67	379.97	380.26	380.56	380.85	381.15
820	381.45	381.74	382.04	382.33	382.63	382.92	383.22	383.51	383.81	384.10
830	384.40	384.69	384.98	385.28	385.57	385.87	386.16	386.45	386.75	387.04
840	387.34	387.63	387.92	388.21	388.51	388.80	389.09	389.39	389.68	389.97
850	390.26	—	—	—	—	—	—	—	—	—

附录 I 铜热电阻值分度表

温度/℃	热电阻值/Ω									
	0	−1	−2	−3	−4	−5	−6	−7	−8	−9
0	50.000	49.786	49.571	49.356	49.142	48.927	48.713	48.498	48.284	48.069
−10	47.854	47.639	47.425	47.210	46.990	46.780	46.566	46.351	46.136	45.921
−20	45.706	45.491	45.276	45.061	44.846	44.631	44.416	44.200	43.985	43.770
−30	43.555	43.349	43.124	42.909	42.693	42.478	42.262	42.047	41.831	41.616
−40	41.400	41.184	40.969	40.753	40.537	40.322	40.106	39.890	39.674	39.458
−50	39.242	—	—	—	—	—	—	—	—	—
0	50.000	50.214	50.429	50.643	50.858	51.072	51.286	51.501	51.715	51.929
10	52.144	52.358	52.572	52.786	53.000	53.215	53.429	53.643	53.857	54.071
20	54.285	54.500	54.714	54.928	55.142	55.356	55.570	55.784	55.998	56.212
30	56.426	56.640	56.854	57.068	57.282	57.496	57.710	57.924	58.137	58.351
40	58.565	58.779	58.993	59.207	59.421	59.635	59.848	60.062	60.276	60.490
50	60.704	60.918	61.132	61.345	61.559	61.773	61.987	62.201	62.415	62.628
60	62.842	63.056	63.270	63.484	63.698	63.911	64.125	64.339	64.553	64.767
70	64.981	65.194	65.408	65.622	65.836	66.050	66.264	66.478	66.692	66.906
80	67.120	67.333	67.547	67.761	67.975	68.189	68.403	68.617	68.831	69.045
90	69.259	69.473	69.687	69.901	70.115	70.329	70.544	70.762	70.972	71.186
100	71.400	71.614	71.828	72.042	72.257	72.471	72.685	72.899	73.114	73.328
110	73.542	73.751	73.971	74.185	74.400	74.614	74.828	75.043	75.258	75.477
120	75.686	75.901	76.115	76.330	76.545	76.759	76.974	77.189	77.404	77.618
130	77.833	78.048	78.263	78.477	78.692	78.907	79.122	79.337	79.552	79.767
140	79.982	80.197	80.412	80.627	80.843	81.058	81.272	81.488	81.704	81.919
150	82.134	—	—	—	—	—	—	—	—	—

附录 J 水蒸气的饱和压力与密度

温度 /℃	饱和压力 /Pa	干蒸汽密度 ρ /(kg·m⁻³)	温度 /℃	饱和压力 /Pa	干蒸汽密度 ρ /(kg·m⁻³)
1	655.62	0.00519	36	5935.86	0.04172
2	704.62	0.00556	37	3624.04	0.04393
3	756.56	0.00595	38	6619.90	0.04623
4	812.42	0.00636	39	6986.42	0.04864
5	871.22	0.00680	40	7369.60	0.05115
6	933.94	0.00826	41	7771.40	0.05376
7	999.60	0.00775	42	8192.80	0.05649
8	1068.20	0.00827	43	8632.82	0.05935
9	1146.60	0.00882	44	9093.42	0.06234
10	1225.98	0.00940	45	9575.58	0.06545
11	1311.24	0.01001	46	10078.32	0.06868
12	1400.42	0.01066	47	10604.58	0.07205
13	1495.48	0.01134	48	11154.36	0.07557
14	1596.42	0.01206	49	11727.66	0.07923
15	1703.24	0.01282	50	12326.44	0.08300
16	1815.94	0.01363	51	12951.68	0.08696
17	1935.50	0.01447	52	13603.38	0.09107
18	2060.94	0.01536	53	14283.50	0.09535
19	2194.22	0.01630	54	14992.04	0.09980
20	2335.34	0.01729	55	15729.98	0.10440
21	2483.32	0.01833	56	16498.30	0.10920
22	2640.12	0.01942	57	17299.94	0.11420
23	2805.74	0.02057	58	18133.92	0.1193
24	2980.18	0.02177	59	19008.08	0.1247
25	3164.42	0.02304	60	19903.80	0.1302
26	3357.48	0.02437	61	20844.60	0.1360
27	3561.32	0.02576	62	21824.60	0.1420
28	3775.94	0.02722	63	22834.00	0.1482
29	4001.34	0.02875	64	23892.40	0.1546
30	4238.50	0.03036	65	24990.00	0.1613
31	4488.40	0.03205	66	26126.80	0.1682
32	4750.06	0.03381	67	27312.60	0.1753
33	5025.44	0.03565	68	28537.60	0.1827
34	5314.54	0.03758	69	29811.60	0.1903
35	5618.34	0.03960	70	31134.60	0.1982

附录 K　正态分布积分表

$$\Phi(t) = \frac{1}{\sqrt{2\pi}} \int_{-\infty}^{t} e^{-t^2/2} dt$$

t	$\Phi(t)$	t	$\Phi(t)$	t	$\Phi(t)$	t	$\Phi(t)$
0.00	0.5000	0.40	0.6554	0.80	0.7881	1.20	0.8849
0.05	0.5199	0.45	0.6736	0.85	0.8023	1.25	0.8944
0.10	0.5398	0.50	0.6915	0.90	0.8159	1.30	0.9032
0.15	0.5596	0.55	0.7088	0.95	0.8289	1.35	0.9115
0.20	0.5793	0.60	0.7257	1.00	0.8413	1.40	0.9192
0.25	0.5987	0.65	0.7422	1.05	0.8531	1.45	0.9265
0.30	0.6179	0.70	0.7580	1.10	0.8643	1.50	0.9332
0.35	0.6368	0.75	0.7734	1.15	0.8740	1.55	0.939400
1.60	0.9452	1.95	0.9744	2.60	0.9953	3.60	0.999841
1.65	0.9505	2.00	0.9772	2.70	0.9965	3.80	0.999928
1.70	0.9554	2.10	0.9821	2.80	0.9974	4.00	0.999968
1.75	0.9599	2.20	0.9861	2.90	0.9981	4.50	0.999997
1.80	0.9641	2.30	0.9893	3.00	0.99865	5.00	0.9999997
1.85	0.9678	2.40	0.9918	3.20	0.99931		
1.90	0.9713	2.50	0.9938	3.40	0.99966		